ガロアの群論

方程式はなぜ解けなかったのか

中村 亨 著

ブルーバックス

装幀／芦澤泰偉・児崎雅淑
カバー写真／PPS
もくじ／中山康子
本文図版／さくら工芸社

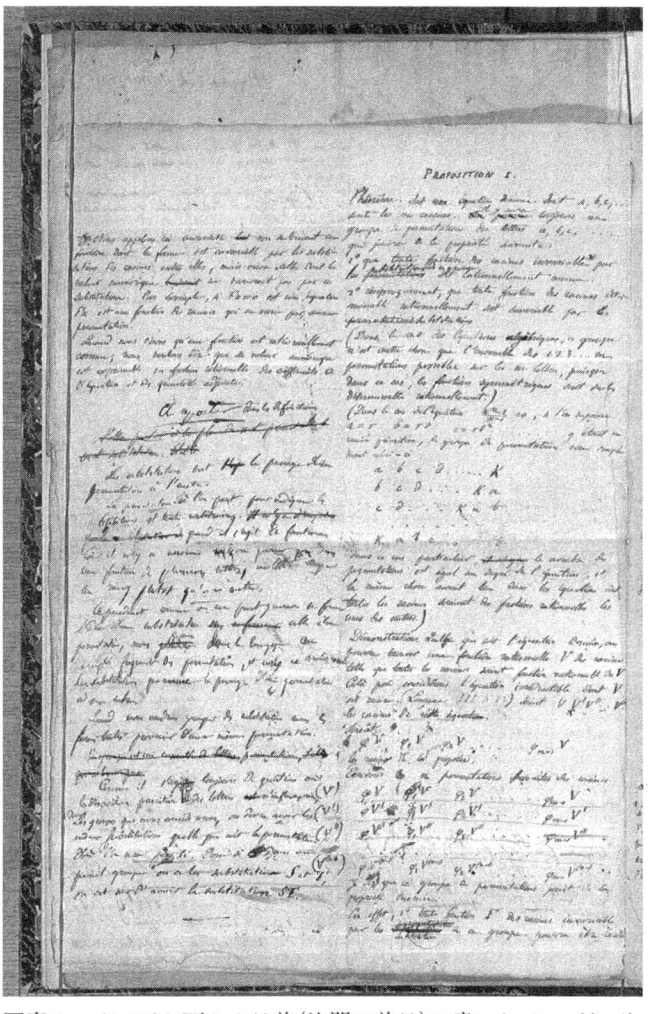

写真1 ガロアが死ぬ2日前（決闘の前日）に書いた、シュヴァリエ宛ての手紙。代数方程式の解についての研究が記されている。
(c) Archives Charmet/The Bridgeman Art Library/PPS

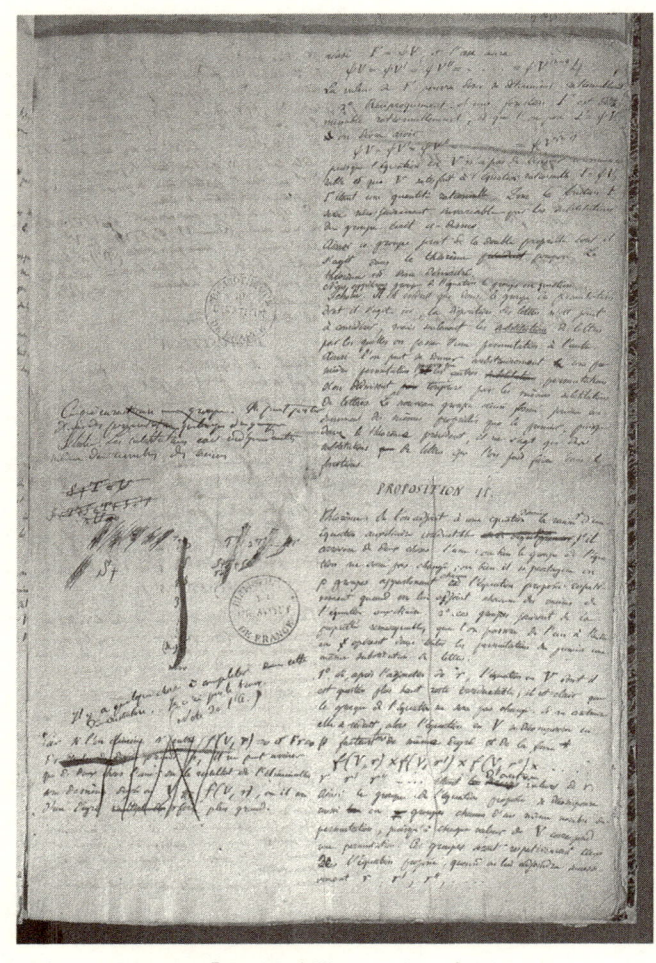

写真2 余白には「僕には時間がない」と書き込まれている。
(c) Archives Charmet/The Bridgeman Art Library/PPS

まえがき

　本書は、代数方程式の解の公式に関するガロアの研究を説明し、ガロアが生み出した「群」とは何かを紹介することを目的としている。

　エヴァリスト・ガロアは、1832年、決闘で受けた傷がもとで20歳の生涯を閉じた。いまだ革命の余波に揺れ動くフランスにあって、彼の人生は周囲に大きく翻弄され、ガロアは人生に大いに失望していた。これだけでも小説の題材には十分だが、それだけでは、この時代に何人もいた理想に燃える青年の典型例の一つに過ぎない。

　しかし、その中で、ガロアは後の数学の方向性を決定付ける革命を起こした。

　彼は、10代半ばにして、代数方程式の解の公式や、楕円積分などの、当時最先端の数学で輝かしい発見を行った。しかも、後に「群」と呼ばれることになる、数学の根本的な概念を新しく生み出し、これを大いに活用して突き進んで行ったのである。

　ガロアが「群」を生み出したのは、代数方程式の解の公式の研究の中である。19世紀はじめ、ノルウェーのアーベルによって5次以上の方程式には解の公式が作れないことが証明された。ガロアの研究は、その理由をこれ以上は望めないところまで徹底的に解明するものだった。

ガロアの研究内容は、現在では一般化されて、「ガロア理論」と呼ばれるものになっている。これは、数学を専門的に学ぶものには、代数学における一里塚であり、学習の一つの到達目標となっている。

　しかし、その姿は、20世紀の数学で進行した抽象化によって、ガロアの考えたものから大きく変貌している。その結果、一般の人が少し踏み込んで知りたいと思っても、大きな壁が立ちはだかり、行く手を阻まれ、多くの人が引き返さざるを得ないのが現状であろう。

　そこで本書では、できるだけガロアの考えたように、ガロアの研究を説明することにした。

　たとえば、現在ガロア理論と題のついた書物を開くと、ほとんどが最初に、群の定義が説明されている。しかし、これは、ガロアの頭の中にあった「群」とは見かけが違うのである。現在の群は、ガロアの「群」が抽象化された結果である。

　そこで、本書では、「群」を、ガロアの頭の中にあったかたちで紹介する。

　しかし、現在の「群」と異なるのは見かけだけである。そのために、ガロアが群を生み出したと言われるのだ。

　できるだけガロアの考えたとおりに説明したとはいっても、まったくガロアの考えたとおりというわけではない。わかりやすさを目指したため、ガロアが一般の方程式に通用する形で議論しているところでも、本書では、具体的な方程式を扱って、一つの例として説明している。また、厳

密な説明とはなっていない箇所や細かい説明を省いた箇所もある。それらは、読者に、ガロアが考え出した内容に、気軽に接してもらえるよう工夫した結果である。

考えてみれば、本書で紹介する内容を、ガロアは高校生の間にほぼ全て思いついていたのだ。確かに、高校生のときに、このような内容を考えつくのは真の天才である。しかし、読者には、ぜひ、自分も高校生になったつもりで本書に挑戦してみてほしい。そして、筆者としては、一人でも多くの読者に、ガロアの考えに触れることができたと思っていただけることを願っている。

謝辞

本書の構成がほぼ固まった段階で、内容を朝日カルチャーセンターの講座で紹介した。その際の受講生の反応やいただいた質問は本書のブラッシュ・アップにとても役立ち、励ましの言葉で執筆の意欲を新たにすることができた。この場を借りて受講生と、講座を設定して下さった朝日カルチャーセンターに感謝を述べたい。また、前著同様、担当編集者の梓沢修氏のご協力にも感謝申し上げたい。

もくじ

まえがき 5

第1章 方程式を「代数的に解く」とは 14

1.1 盗人と1次方程式 14
1.2 美の秘密と2次方程式 17
1.3 3000年の眠り 22
1.4 3次方程式の解の公式を求めよう 25
1.5 5次方程式の解の公式は見つかったか 29

第2章 置換と群 35

2.1 方程式の解の公式と解の置換 35
2.2 置換と対称群 37
2.3 置換と巡回群 46
2.4 置換の解剖学 52

第3章 対称式と解の公式 58

- 3.1 対称式と方程式 59
- 3.2 対称式の基本定理 64
- 3.3 方程式の解の対称式の値 67
- 3.4 交代式と差積 70
- 3.5 方程式の判別式と差積 74
- 3.6 差積と判別式の計算例 75
- 3.7 3次方程式の解の公式と解の置換 78

第4章 ガロア理論事始め 86

- 4.1 ガロア群のアイディア 86
- 4.2 1次方程式のガロア群 92
- 4.3 2次方程式のガロア群 93
- 4.4 3次方程式のガロア群(1):角の3等分のガロア理論 98
- 4.5 ガロア群の定義:暫定版 106
- 4.6 ガロア群の最初のご利益 107
- 4.7 ガロア流のガロア群とは 107
- 4.8 ガロア流ガロア群の作り方 113

第5章　ガロア群の正規部分群　122

5.1　3次方程式のガロア群(2):立方体倍積のガロア理論　122
5.2　ガロアの大発明:正規部分群　127

第6章
正規部分群と方程式の代数的解法　136

6.1　ユニット・ガロア理論　137
　6.1.1　正規部分群を利用してべき根を作る　138
　6.1.2　べき根を使ってよい場合のガロア群　145
6.2　もう一度ユニット・ガロア理論　153
6.3　ガロアの主定理ハーフ　163
6.4　ガロア流で眺める3次方程式の解の公式　170

第7章

方程式に関するガロア理論 176

- 7.1 5次対称群 S_5 をガロア群に持つ方程式 176
- 7.2 ガロアの主定理フル 187
- 7.3 ガロアの主定理フルの応用例 195
  - 7.3.1 正多角形の作図とガロア理論 195
  - 7.3.2 解の公式のガロア理論 203

第8章 その後の群 206

- 8.1 群をつなぐ奇跡 206
- 8.2 群の考えの発展 209
  - 8.2.1 コーシーの研究 209
  - 8.2.2 ガロア流の群と置換群 210
  - 8.2.3 置換群からの抽象化 213
- 8.3 群の概念の完成 214
- 8.4 ガロアの主定理と可解群 221

もっと知りたい人に —— 参考図書 226

さくいん 229

第1章　方程式を「代数的に解く」とは

1.1　盗人と1次方程式
■盗人は何人？

　小学校の算数では、鶴亀算や植木算、旅人算と、問題に応じて解き方を覚えて、使い分ける。種類毎の工夫が必要だが、それなりに面白い。

　筆者の好みは、盗人算だ。本によっては、絹盗人算とか過不足算と呼ばれる。昔は、盈不足と呼ばれていたらしい。

　こんな問題だ：

> 　盗賊団の会話が、橋の下から聞こえる。盗んできた反物を分配しようとしているようだ。「7反ずつ分けると8反余るし、8反ずつ分けると7反足りない。どうしたものかなあ」
> 　さて、盗賊は何人で、反物は何反あるか。

　この問題は、江戸時代の算数のベストセラー『塵劫記』（吉田光由著、1627年初版）に出ている。そこでは、答え

第1章 方程式を「代数的に解く」とは

として、次の1行があるだけだ：

答え：盗賊は8足す7で15人、反物は15人掛ける8反に7反足りないから113反

　後半の人数がわかってから反数を出す部分はわかるとしても、前半の人数を求める部分は説明が欲しいところだが、これ以上、何も書かれていない。

　そこで、盗賊の人数をxとして、方程式を立ててみよう。

　まず、「7反ずつ分けると8反余る」のだから、反物は、$7x+8$反ある。一方、「8反ずつ分けると7反足りない」ということからは、反物の数は、$8x-7$反とも表せる。反物の数の2つの表し方は等しいはずだから、

$$7x+8=8x-7$$

左辺を右辺に移項して、xの次数の同じ項をまとめると、

$$x-15=0 \qquad (1.1)$$

となる。したがって、確かに盗賊の人数xは、15人であることがわかる。

『塵劫記』にはこれ1問しか出ていない。盗賊の人数や盗品の数が違っても、読者は解けたのだろうか？　例えば問題が、以下のようになったら困ったのではないだろうか？

　盗賊団の会話が、橋の下から聞こえる。盗んできた反物を分配しようとしているようだ。「7反ずつ分けると6反余るし、9反ずつ分けると4反足りない。ど

うしたものかなあ」
　さて、盗賊は何人で、反物は何反あるか。

　もちろん方程式を使えば、困らない。上と同じようにすると、

$$7x+6=9x-4$$

という方程式を解くことになる。同次項を整理して、

$$2x-10=0 \quad (1.2)$$

となる。したがって、盗賊の人数 x は5人、反物は5人に7反ずつ足す6反で41反となる。

■１次方程式の解の公式

　方程式（1.1）や方程式（1.2）のように、未知数の１次の項と定数項だけを持つ方程式は、「１次方程式」と呼ばれる。１次方程式は項を整理すると、一般的に次の方程式（1.3）の形をしている：

$$ax+b=0 \quad (1.3)$$

ただし、a、b は数で、$a \neq 0$ とする。a や b は、方程式の「係数」と呼ばれる。盗人の問題を解くのに使った方程式（1.1）は、$a=1$、$b=-15$ とした場合に、方程式（1.2）は、$a=2$、$b=-10$ とした場合になっている。

　この方程式（1.3）の解は、以下のとおりにして求めることができる。

　まず、①両辺から係数 b を引く。すると、

第1章 方程式を「代数的に解く」とは

$$ax = -b$$

となる。次に、②両辺を a で割れば、

$$x = -\frac{b}{a} \qquad (1.4)$$

と求められる。この (1.4) 式は、方程式 (1.3) の係数 a、b が何であっても、方程式 (1.3) の解を与える式になっている。だから、(1.4) 式は、1次方程式の「解の公式」と呼ぶことができる。

1.2 美の秘密と2次方程式
■不思議な紙

1の次は2。次の問題を考えてみよう：

> 1枚の長方形の紙がある。
> この紙から、短い方の辺を1辺とする正方形を、次の図のように切り取るとき、残った長方形の辺の比は、もとの長方形の辺の比と同じであるという。
> この長方形の辺の比を求めよ。

考えてみれば不思議な紙である。短い辺の長さを1、長い辺の長さを x とすると、図のとおり、問題文の言っている内容は

$$1 : x = (x-1) : 1$$

ということだ。

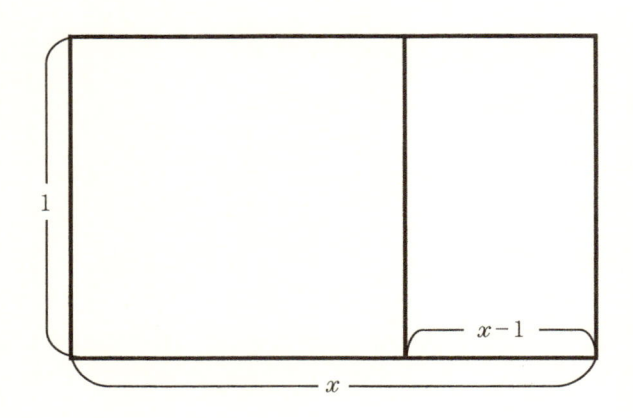

すると、

$$x(x-1)=1$$

となるから、未知数 x に関する方程式

$$x^2-x-1=0 \qquad (1.5)$$

が得られる。方程式 (1.5) は、x を 2 個掛けた x^2 と[1]、x と数字の項からなるので、2 次方程式と呼ばれる。

■ 2 次方程式の解の公式を作る

2 次方程式

$$ax^2+bx+c=0 \qquad (1.6)$$

の解の公式を作ってみよう。

まず、① (1.6) の両辺から c を引いて、

---
[1] 間違えてはいけないが、掛け算は 1 回だけしかしていない。

第1章 方程式を「代数的に解く」とは

$$ax^2 + bx = -c$$

と変形する。次に、②両辺を a で割って、

$$x^2 + \frac{b}{a}x = -\frac{c}{a}$$

と変形する。ここで、③両辺に $\left(\frac{b}{2a}\right)^2$ を加えれば、

$$x^2 + \frac{b}{a}x + \left(\frac{b}{2a}\right)^2 = -\frac{c}{a} + \left(\frac{b}{2a}\right)^2 \quad *$$

となる。すると、④左辺は、

$$x^2 + \frac{b}{a}x + \left(\frac{b}{2a}\right)^2 = \left(x + \frac{b}{2a}\right)^2$$

と変形できるので(これは「平方完成」と呼ばれる)、⑤＊式の右辺を

$$-\frac{c}{a} + \left(\frac{b}{2a}\right)^2 = \frac{b^2 - 4ac}{4a^2}$$

と整理すれば、＊式は

$$\left(x + \frac{b}{2a}\right)^2 = \frac{b^2 - 4ac}{4a^2}$$

となる。したがって、⑥両辺の平方根をとれば、

$$x + \frac{b}{2a} = \pm \frac{\sqrt{b^2 - 4ac}}{2a}$$

となるので、⑦両辺から $\frac{b}{2a}$ を引けば、

$$x = \frac{-b \pm \sqrt{b^2 - 4ac}}{2a} \qquad (1.7)$$

となって、解の公式ができあがる。

ポイントは③だ。$\left(\frac{b}{2a}\right)^2$ は魔法の数なのだ。

■黄金比

方程式 (1.5) は、式 (1.6) で $a=1$、$b=c=-1$ とした場合にあたる。これらの値を式 (1.7) の右辺に代入すると、方程式 (1.5) の解は

$$x = \frac{1 \pm \sqrt{5}}{2}$$

と求めることができる。でも、$\sqrt{5} = 2.23606797\cdots$ だから[2]、$\frac{1-\sqrt{5}}{2}$ は負の数なので、辺の長さにならない。だから、答えは $x = \frac{1+\sqrt{5}}{2}$ だ。この数 $\frac{1+\sqrt{5}}{2} = 1.61803398\cdots$ は、黄金比と呼ばれ、美しい絵や彫刻のいろいろな部分同士の比率に登場するといわれている不思議な数だ。美の秘密は2次方程式 (1.5) だったのだ。

黄金比を実感するために、普段見慣れているコピー用紙

---

[2] $\sqrt{5}$ の値は、「富士山麓オウム鳴く」と覚えると記憶していたが、小数点以下8桁目を四捨五入すると2.2360680になって、語呂が合わない。正しくは、8桁目まで覚えるなら「富士山麓オウム鳴くや」である。もちろん、実用上はそんな後ろの桁は問題にならないし、切り捨てならこの語呂合わせは正しい。

の2辺の比を調べると、下の表のとおり約1.41（ほぼ$\sqrt{2}$）となる。黄金比を満たす紙の長辺は、普通のコピー用紙の長辺より15％弱長いことになる。

	長辺の長さ (mm)	短辺の長さ (mm)	$\frac{長辺}{短辺}$
A4	297	210	1.414
B5	257	182	1.412
黄金比	—	—	1.618

■方程式の係数から解を求める

2次方程式の解の公式（1.7）

$$x = \frac{-b \pm \sqrt{b^2 - 4ac}}{2a}$$

は、2次方程式（1.6）の係数 a、b、c が何であっても解が求められる。ただし、a が0だったら1次方程式になってしまうから、$a \neq 0$ とする。

この解の公式を見ると、根号の中身（$b^2 - 4ac$）がある有理数の平方(2乗)になっていない場合には、$\sqrt{b^2 - 4ac}$ は有理数ではない（ルートは外れない）。つまり2次方程式の場合、係数が全て有理数だとしても、解は有理数でない数になる場合がある。

その場合でも、根号の中身（$b^2 - 4ac$）は方程式（1.6）の係数 a、b、c から四則演算によって求められる。そし

て、方程式（1.6）の解自体は、係数同士の四則演算で求められる数の**平方根**（$\sqrt{b^2-4ac}$）と、方程式の係数 a、b の四則演算で作られる数（$2a$ と $-b$）との足し算あるいは引き算と割り算、すなわち四則演算で求めることができる。

　1次方程式の解の公式（1.4）の場合は、四則演算だけで解を求めることができたが、2次方程式ではさらに平方根をとる操作（この操作は「開平」と呼ばれる）が必要になるのだ。

1.3　3000年の眠り

　2次方程式の解の公式は、バビロニアの時代（紀元前1700年頃）にすでに知られていたという。しかし、3次方程式の解の公式が発見されたのは、それから3000年以上後、16世紀のルネサンスの時代になってからだ。

■カルダノとタルターリャ

　3次方程式の解の公式は、ミラノの医師カルダノ（1501～1576）が1545年に出版した『アルス・マグナ（大いなる技法）』で、初めて世に知られた。カルダノは、この公式をヴェローナの高校の数学教師だったタルターリャ（1500～1557）から半ば強引に聞き出したようなのだが、今でも「カルダノの公式」として知られている。また、タルターリャとは独立に、デル・フェッロ（1465～1526）も発見していたそうだ[3]。

第1章 方程式を「代数的に解く」とは

タルターリャ　　　　　　　カルダノ

■ 3次方程式の解の公式

それでは、カルダノが残した3次方程式

$$ax^3+bx^2+cx+d=0 \qquad (1.8)$$

の解の公式を紹介しよう。

最初に公式を見やすくするために、方程式（1.8）を変形する。

まず、$a=0$ なら方程式（1.8）は2次方程式になってしまうから $a\neq 0$ ではないとしてよい。そこで、両辺を a で割って、

---
[3] このあたりの経緯については本書では省略する。詳しくは、ぜひ木村俊一著『天才数学者はこう解いた、こう生きた』（講談社）を一読していただきたい。

$$x^3+\frac{b}{a}x^2+\frac{c}{a}x+\frac{d}{a}=0$$

と変形しておく。そうしておいて、$x+\frac{b}{3a}$ を y と書き換える（$y=x+\frac{b}{3a}$）。つまり、$x=y-\frac{b}{3a}$ を代入して整理する。すると、方程式（1.8）の x の 2 次の項が消えて、

$$y^3+\left\{-\frac{1}{3}\left(\frac{b}{a}\right)^2+\frac{c}{a}\right\}y+\frac{2}{27}\left(\frac{b}{a}\right)^3-\frac{bc}{3a^2}+\frac{d}{a}=0$$

となるので、ここで、新たに

$$p=-\frac{1}{3}\left(\frac{b}{a}\right)^2+\frac{c}{a} \qquad (1.9)$$

$$q=\frac{2}{27}\left(\frac{b}{a}\right)^3-\frac{bc}{3a^2}+\frac{d}{a} \qquad (1.10)$$

と置き直すと、方程式（1.8）は次の方程式になる：

$$y^3+py+q=0 \qquad (1.11)$$

この変数変換 $y=x+\frac{b}{3a}$ は、「フェラーリの方法」と呼ばれる。

カルダノは、この 3 次方程式（1.11）の解の公式は、

$$y=\sqrt[3]{-\frac{q}{2}+\sqrt{\left(\frac{q}{2}\right)^2+\left(\frac{p}{3}\right)^3}}+\sqrt[3]{-\frac{q}{2}-\sqrt{\left(\frac{q}{2}\right)^2+\left(\frac{p}{3}\right)^3}} \qquad (1.12)$$

であることを示したのだ。

第1章 方程式を「代数的に解く」とは

■ 4 次方程式の解はフェラーリが発見した

フェラーリ（1522〜1565）はイタリアの数学者で、カルダノの弟子だ。師匠の公式を導く方法に名前がついているくらいだから、相当優秀な弟子だったのだろう。実際、フェラーリは、4次方程式の解の公式を発見した。変数変換をすることで、4次方程式を解くことは3次方程式を解くことに帰着されるのだ。

■ 3、4とくれば、次は当然5、6、…

3000年の眠りから覚めて3次方程式の解の公式が発見されると、すぐに4次方程式の解の公式が発見された。この調子で、5次、6次とどんどん快進撃が続くのだろうか？

この続きを説明する前に、3次方程式の解の公式の求め方を詳しく説明することにしよう。

1.4　3次方程式の解の公式を求めよう

それでは、公式（1.12）の求め方を説明しよう。

■ カルダノの方法

唐突だが、まず新しい変数 s と t を持ってきて、$y=s+t$ と書く。そして方程式（1.11）の y に $y=s+t$ を代入して、

$$(s+t)^3+p(s+t)+q=0$$

ちょっと整理すると、次の方程式（1.13）になる。$(s+t)^3$ を展開して s^3+t^3 と $3s^2t+3st^2$ に分ければよい。この方法は、「カルダノの方法」と呼ばれる。

$$(s^3+t^3+q)+(s+t)(3st+p)=0 \qquad (1.13)$$

ここでもし、

$$\begin{cases} s^3+t^3+q=0 \\ 3st+p=0 \end{cases} \qquad (1.14)$$

を満たす s、t があれば、それらは方程式 (1.13) も満たすから、もとをたどって $y=s+t$ は、方程式 (1.11) を満たすことになる。

もとの方程式は未知数が y だけの1つだったのに、それを解くために s と t の2つの変数の連立方程式を解くのである。何とも不思議な方法だが、これが上手くいくのだ。

■3次方程式の解の公式を求める

連立方程式 (1.14) は、以下のとおりにして解くことができる。

まず第2式から、$t=-\dfrac{p}{3s}$ と t を s で表しておいて、第1式に代入する。すると、第1式は次のようになる。

$$s^3-\left(\frac{p}{3s}\right)^3+q=0$$

さらに、この式の両辺に s^3 を掛けると、次の方程式 (1.15) を得る。

$$s^6+qs^3-\left(\frac{p}{3}\right)^3=0 \qquad (1.15)$$

第1章 方程式を「代数的に解く」とは

　もともと3次方程式を解いていたのに、6次方程式が出てきて難しくなったと思ったら、よく見れば、方程式（1.15）は実は2次方程式である。実際、s^3 を新たに u と書くと、方程式（1.15）は、次の方程式（1.16）のとおり書ける。

$$u^2 + qu - \left(\frac{p}{3}\right)^3 = 0 \qquad (1.16)$$

　方程式（1.16）は未知数 u に関する2次方程式だから、2次方程式の解の公式（1.7）を使って解くと、

$$u = \frac{-q \pm \sqrt{q^2 + 4\left(\frac{p}{3}\right)^3}}{2} = -\frac{q}{2} \pm \sqrt{\left(\frac{q}{2}\right)^2 + \left(\frac{p}{3}\right)^3} \quad (1.17)$$

となるが、右辺の式をどこかで見かけませんでしたか？　そう！　これは、3次方程式の解の公式（1.12）に出てくる立・方・根・の・中・身・だ！　$u = s^3$ だったから、s は、$-\frac{q}{2} \pm \sqrt{\left(\frac{q}{2}\right)^2 + \left(\frac{p}{3}\right)^3}$ の立方根（3乗根）となる。

　これで s が求まったが、t も同様にして求まる。というのも、このようになったのは、$y = s + t$ と表して、$s^3 = u$ としたからだが、s と t は立場が対等だから、t^3 を v と書けば、v も同じ方程式（1.16）：$u^2 + qu - \left(\frac{p}{3}\right)^3 = 0$ の u を v で置き換えたものを満たすからだ。すなわち、s も t も方程式（1.16）の解である $-\frac{q}{2} \pm \sqrt{\left(\frac{q}{2}\right)^2 + \left(\frac{p}{3}\right)^3}$ の立方

根である。ただし、連立方程式（1.14）の第1式$s^3+t^3+q=0$から、$t^3+s^3=-q$、つまり、$v+u=-q$となっている。これを満たすようにuとvを決めるには、uとvとで、$-\dfrac{q}{2}\pm\sqrt{\left(\dfrac{q}{2}\right)^2+\left(\dfrac{p}{3}\right)^3}$の平方根の前の＋と－の符号を逆に選べばよい。

$s^3=u$、$t^3=v$で、$y=s+t$だから、解の公式（1.12）：

$$y=\sqrt[3]{-\dfrac{q}{2}+\sqrt{\left(\dfrac{q}{2}\right)^2+\left(\dfrac{p}{3}\right)^3}}+\sqrt[3]{-\dfrac{q}{2}-\sqrt{\left(\dfrac{q}{2}\right)^2+\left(\dfrac{p}{3}\right)^3}}$$

は、2つの立方根を足した形になっている。

■立方根はどう選ぶ？

ここで、u、vの立方根（3乗根）s、tの選び方について、もう少し詳しく説明しよう。

pの値によっては双方の立方根の中の平方根の中身$\left(\dfrac{q}{2}\right)^2+\left(\dfrac{p}{3}\right)^3$が負になるので、$-\dfrac{q}{2}\pm\sqrt{\left(\dfrac{q}{2}\right)^2+\left(\dfrac{p}{3}\right)^3}$は一般に複素数になる。0でない複素数$z$の立方根は3個あるが、それをどれも同じ記号$\sqrt[3]{z}$で表している。だから実際には、式（1.12）の2つの立方根（sとtに他ならない）には、それぞれ3つの選択肢がある。すると、y（$=s+t$）としては3×3の9とおりの可能性がある。

しかし、連立方程式（1.14）の第2式：$3st+p=0$から、それぞれの立方根（sとt）を掛け合わせると$-\dfrac{p}{3}$になるので、sとtの組み合わせは3とおりに絞られることになる。

第1章 方程式を「代数的に解く」とは

1.5　5次方程式の解の公式は見つかったか

　カルダノ一派による4次以下の方程式の解の公式の研究の後、5次方程式の解の公式が見つかったのは、いつか？　数年後か？　数十年後か？

　実は、多くの人の努力にもかかわらず、その後5次方程式の解の公式は100年経っても見つからなかったのである。

　その間に、数学には微積分や関数などの新しい概念が登場し、数学の扱う対象が大きく広がった。その中で、本書でここまで考えてきた「(未知数の多項式)＝0」の形の方程式は、「代数方程式」と呼ばれるようになった。そして、これまでに登場した解の公式は、「代数的な解の公式」と呼ばれるようになったのである。この先に進むためには、この「代数的」という言葉を理解することが必要である。その意味をここで説明しよう。

■代数的な解の公式とは

　これまでに登場した方程式の解の公式は、どれも、方程式の係数から、足し算、引き算、掛け算、割り算の四則演算と、平方根あるいは立方根を求める操作を繰り返して、方程式の解が得られている。

　もう少し注意深く観察すると、2次方程式や3次方程式の解の公式には、その他に方程式の係数を2や3で割る操作が登場する。また、方程式の係数を移項して－を付けるのは、0から引いていることになる。しかしこれらの0、2、3も、方程式の係数から四則演算を繰り返すことで求めることができる。実際、方程式の最高次の係数 a は0でないので、$a \div a = 1$ として1が求められる。次に、1を

何度も足すことで、全ての自然数を作れる。それら同士の引き算で0も負の整数も全て作れるから、結局、自然数と合わせて全ての整数を作れる。そして整数同士の割り算で、全ての有理数を作ることができる。したがって、解の公式は、係数に四則演算と平方根あるいは立方根を求める操作を繰り返して得られると言ってよいだろう。

　これらの、数同士の四則演算と、平方根あるいは立方根を求める操作を一般にしたある数の n 乗根をとる操作は、合わせて「代数的」な操作と呼ばれる。そして、これまでに紹介した解の公式は方程式の係数からこれらの「代数的」な操作を繰り返し施して解を求めることができるので、「代数的」な解の公式と呼ばれる。以降、この本で「方程式を解く」とか「解の公式」という場合、代数的なものを指すことにする。

　もう一度、下の囲みにまとめておこう：

・代数的な操作＝「数同士の四則演算」と「ある数の n 乗根をとる操作」
・方程式の（代数的な）解の公式＝方程式の係数から代数的な操作だけを繰り返し施して解を求める公式

■ラグランジュとヴァンデルモンド

　カルダノ一派の研究の後、5次以上の方程式の解の公式の研究が動き出したのは、18世紀になってからのことだ。ラグランジュ[4]やヴァンデルモンド[5]が方程式の解の置換（置き換え）を研究の中で利用し始めたことで、5次以上

ラグランジュ

の方程式の解の公式を取り巻く状況が、おぼろげながら見えてきたのである。

■5次以上では解の公式は作れない

しかし、このような新しいアプローチのもとでも、5次以上の方程式の解の公式の研究の進展ははかばかしくなく、すぐに行き詰まった。それもそのはず、あろうことか**5次以上の方程式には代数的な解の公式は存在しなかった**のである。

この5次以上の方程式には代数的な解の公式は存在しないという事実は最初イタリアの数学者ルフィニ（Paolo Ruffini：1765〜1822）によって主張された。しかしルフィ

---

[4] ラグランジュ（Joseph-Louis Lagrange：1736〜1813）は、オイラーと並び称されたフランスの数学者。
[5] ヴァンデルモンド（Alexandre-Théophile Vandermonde：1735〜1796）もフランスの数学者。

ルフィニ　　　　　　　アーベル

ニの証明は複雑で、また不十分なところがあり、なかなか認知されなかった。相も変わらずほとんどの数学者は、どんな次数の代数方程式に対しても必ず代数的な解の公式が存在し、いつの日にか誰かが、願わくは自分がそれを発見するに違いないと考えていたのだ。

しかし、1824年になってノルウェーの薄幸の天才アーベル（Niels Henrik Abel：1802～1829）の論文によって、5次以上の代数方程式には代数的な解の公式など存在しない（作れない）という事実は揺るぎのないものとなった[6]。

■ガロアの登場

しかし、代数的に解ける5次以上の方程式は、もちろんいくらでも存在する。例えば、xの5次方程式

---

[6] ピーター・ペジック著、山下純一訳『アーベルの証明』（日本評論社）に詳しく書かれている。

第1章 方程式を「代数的に解く」とは

$$x^5-15x^4+85x^3-225x^2+274x-120=0 \quad (1.18)$$

は、左辺が

$$\begin{aligned}&x^5-15x^4+85x^3-225x^2+274x-120\\&=(x-1)(x-2)(x-3)(x-4)(x-5)\end{aligned}$$

と因数分解できるので、$x=1, 2, 3, 4, 5$ を解に持つ。これらは全て有理数だ。有理数は全て方程式の係数から四則演算で計算される。つまり、方程式（1.18）は代数的に解くことのできる5次方程式である。

解の公式が存在するということは、全ての方程式が代数的に解けることを意味するが、方程式の次数が5次以上の場合、それは虫の良すぎる主張だっただけだ。「全て」ではなく「ある」方程式は代数的に解けるという主張なら、もちろん正しい。でも、なぜその方程式は、代数的に解く

ガロア

ことができるのだろうか。

　この点を明らかにしたのが、19世紀前半のフランスの数学者ガロア（Évariste Galois：1811〜1832　彼は20歳で生涯を閉じたわけだ！）だ。

　本書の目的は、そのガロアの研究の内容を解説することである。

第2章　置換と群

　第1章で説明したとおり、ガロアは方程式が代数的に解けるかどうかの研究を、その方程式の解の置き換えの操作（「**解の置換**」と呼ばれる）を武器として進めた。
　この章では、まず「解の置換」とは何かを説明する。

2.1　方程式の解の公式と解の置換
　まず、方程式が代数的に解けることと解の置換との関係を、2次方程式の場合を例に説明しよう。

■2次方程式の解の公式の平方根の秘密
　2次方程式：

$$x^2 + px + q = 0 \qquad (2.1)$$

の2つの解を a、b として、この方程式の解の公式

$$x = \frac{-p \pm \sqrt{p^2 - 4q}}{2} \qquad (2.2)$$

を、a、b で書き表してみよう。

書き換えの鍵は、「解と係数の関係」だ。$(x-a)(x-b)=0$ だから、展開して $x^2-(a+b)x+ab=0$ となる。式 (2.1) と見比べると

$$a+b=-p, \quad ab=q \qquad (2.3)$$

で、これを「解と係数の関係」という。これらを使うと、解の公式を、a と b で次のように書き表すことができる：

$$\begin{aligned}x &= \frac{-p \pm \sqrt{p^2-4q}}{2} \\ &= \frac{(a+b) \pm \sqrt{(a+b)^2-4ab}}{2} = \frac{(a+b) \pm \sqrt{(a-b)^2}}{2}\end{aligned} \qquad (2.4)$$

式 (2.4) で、例えば $a>b$ の場合 $(a-b)^2$ の平方根 $\sqrt{(a-b)^2}=a-b$ の前の複号で、＋を選べば解 a が、－を選べば解 b が得られる仕組みである。

要するに、平方根 $\sqrt{p^2-4q}$ の正体は、$(a-b)$ だったのだ。そして、解の公式 (2.2) とは、2つの解 a, b を、$(a+b)$ と $\pm(a-b)$ との平均で表す式に他ならないのだ。

■解の置換と、解と係数の関係式

そこで、式 (2.4) を逆に：

$$\frac{(a+b)+(a-b)}{2}=a, \quad \frac{(a+b)-(a-b)}{2}=b \qquad (2.5)$$

と見てみよう。

式 (2.5) の $(a+b)$ で a と b を置き換えた $(b+a)$ は $(a+b)$ に等しく、解と係数の関係から $(a+b)=$

$(b+a) = -p$ と、方程式の係数で表すことができる。

一方 $(a-b)$ で a と b を置き換えた $(b-a)$ は、もとの式 $(a-b)$ と異なり、符号が違う。だから、方程式の係数 p と q から四則演算のみを使って表される式を $R(p,q)$ とすると、$(a-b)$ は

$$R(p,q) = R(-(a+b), ab) = a-b$$

と表すことはできない。このことは、真ん中の $R(-(a+b), ab)$ は a と b を置き換えて $R(-(b+a), ba)$ としても a と b の式として変化しないのに、右辺の $(a-b)$ は a と b を置き換えると符号が変化し、a と b の式として変化することからわかる。

しかし、$(a-b)^2$ なら、a と b を置き換えても式は変化しない。したがって、方程式の係数 p と q から四則演算のみを使った式で表せる可能性がある。そして、実際:

$$(a-b)^2 = (a+b)^2 - 4ab = p^2 - 4q$$

である。

このように、a、b の置き換えを考えることが「解の置換」と呼ばれるものである。解の置換は、a、b を方程式の係数でどのように表すことができるのか、すなわち解の公式がどのようなものになるのかを知るとても大きな手がかりになりそうである。

2.2 置換と対称群
■置換とは「置き換え」のことだ
家の中に画家がいるところを想像してほしい。画家は、

モモとオレンジとブドウを前に絵を描いている。果物は、皿の上に左から順にモモ、オレンジ、ブドウと並んでいる。

さて、画家は、モモがあった場所にオレンジを、オレンジがあった場所にブドウを、ブドウがあった場所にモモを置き直したとしよう。

果物を置き直す様子

これをこんな記号で表すことにする。

$$\begin{pmatrix} モ & オ & ブ \\ オ & ブ & モ \end{pmatrix} \quad (2.6)$$

モはモモ、オはオレンジ、ブはブドウを表し、上の行（横の並び）が初めの状況を、下の行は置き直した後の状

況を表している。上の行の「モオブ」や、下の行の「オブモ」は、モモ、オレンジ、ブドウの並びを表していて「順列」と呼ばれる。

これに対して、(2.6) は上の行の順列から下の行の順列への変化を表す記号で、初めモモがあった場所にオレンジを（モ→オ）、オレンジがあった場所にブドウを（オ→ブ）、ブドウがあった場所にモモを（ブ→モ）置き換える操作である、「置換」を表している。

注意が必要なのは、置換が表すのは、<u>初めの状態を表す順列には関係なく、モモがあったところに次に何がくるか、オレンジがあったところに次に何がくるか、ブドウがあったところに次に何がくるかということだけである</u>点だ。

つまり、次の6とおりの記号はどれも (2.6) と同じ置換を表していることになる：

$$\begin{pmatrix}モオブ\\オブモ\end{pmatrix}=\begin{pmatrix}オブモ\\ブモオ\end{pmatrix}=\begin{pmatrix}ブモオ\\モオブ\end{pmatrix}$$
$$=\begin{pmatrix}モブオ\\オモブ\end{pmatrix}=\begin{pmatrix}ブオモ\\モブオ\end{pmatrix}=\begin{pmatrix}オモブ\\ブオモ\end{pmatrix} \qquad (2.7)$$

■モモ、オレンジ、ブドウの置換はいくつある

(2.6) のような、モモ、オレンジ、ブドウのように3個のものの置き換えを表す置換は、何とおりあるのだろうか。

(2.6) のような記号の、上の行も、下の行も、どちらもモ（モ）、オ（レンジ）、ブ（ドウ）の順列だからそれぞれ6とおりで、(2.6) のような表現は6とおり掛ける6とおり

の36とおりある。そのうち、(2.7) の 6 とおりはどれも (2.6) と同じ状況を表しているのと同じで、この36とおりの表現は、6 とおりずつ同じ置換を表している。だから、本当に異なる (2.6) のような表現は、6 とおりだ。

また、次のように考えることもできる。

初め、モ(モ)、オ(レンジ)、ブ(ドウ) があったところに、後でそれぞれ何がくるかを考えてみよう。初めモ(モ) のあったところの後にはモ(モ)、オ(レンジ)、ブ(ドウ) の 3 とおり、次にオ(レンジ) のあったところにはそれ以外の 2 とおり、最後にブ(ドウ) のあったところには残りの 1 つと考えれば、(2.6) のような記号の数は 6 とおりとなる。

その 6 とおりの記号を書くと、次のようになる。(2.7) の 6 とおりのように、同じ状況を表す記号が登場していないことを、確かめてほしい。

$$\begin{pmatrix} モオブ \\ オブモ \end{pmatrix} \begin{pmatrix} モオブ \\ ブモオ \end{pmatrix} \begin{pmatrix} モオブ \\ モオブ \end{pmatrix}$$
$$\begin{pmatrix} モオブ \\ オモブ \end{pmatrix} \begin{pmatrix} モオブ \\ モブオ \end{pmatrix} \begin{pmatrix} モオブ \\ ブオモ \end{pmatrix} \quad (2.8)$$

■置換の積とは?

しばらくすると画家は、また果物を置き直した。

その様子は、次の置換で表されるとしよう:

$$\begin{pmatrix} オブモ \\ オモブ \end{pmatrix} \quad (2.9)$$

オレンジはそのままで、ブドウとモモの場所が入れ替わったわけだ。ここで、果物が最初の状態からどのように変わったかを考えよう。

最初の置き換えは、記号（2.6）で表される：

$$\begin{pmatrix} モ オ ブ \\ オ ブ モ \end{pmatrix} \quad (2.6)$$

つまり、モモがオレンジに、オレンジがブドウに、ブドウがモモに置き換わった。2回目では、ブドウとモモが置き換わったから、結局、最初の状態のモモがオレンジに（2回目の置き換えで変わらない）、オレンジがモモに、ブドウが（いったんモモになったが）結局ブドウに置き換わったことになる。この置換を表す記号は、

$$\begin{pmatrix} モ オ ブ \\ オ モ ブ \end{pmatrix} \quad (2.10)$$

である。

ここで、この2回の置き換えを合わせた置き換えを表す置換（2.10）を、1回目の置き換えを表す置換（2.6）と2回目の置き換えを表す置換（2.9）の**積**と呼び、このことを次の等式で表す：

$$\begin{pmatrix} モ オ ブ \\ オ ブ モ \end{pmatrix} \begin{pmatrix} オ ブ モ \\ オ モ ブ \end{pmatrix} = \begin{pmatrix} モ オ ブ \\ オ モ ブ \end{pmatrix} \quad (2.11)$$

最初の置換を左に、2回目の置換を右に書くと約束しよう。実は逆に書く流儀もあるのだが、この本では普通の数と同じようにこの順で書くことにする。

もちろん、(2.11) に登場する記号は、同じ置換を表すものなら何でもよい。例えば、それぞれの置換の上の順列を揃えて表すと、

$$\begin{pmatrix} モオブ \\ オブモ \end{pmatrix} \begin{pmatrix} モオブ \\ ブオモ \end{pmatrix} = \begin{pmatrix} モオブ \\ オモブ \end{pmatrix} \quad (2.12)$$

となる。(2.12) も、(2.11) と同じ内容を表している。

■ 3つの置換の積

画家が、また配置を変えたところを想像しよう。これで計3回配置を変えたことになる。

1回目の置き換えは置換 (2.6):

(1回目) $\begin{pmatrix} モオブ \\ オブモ \end{pmatrix}$

で表される。そして、2回目の置き換えは置換 (2.9):

(2回目) $\begin{pmatrix} オブモ \\ オモブ \end{pmatrix}$

で表された。

さて、3回目の置き換えは置換:

(3回目) $\begin{pmatrix} オモブ \\ ブモオ \end{pmatrix}$ (2.13)

で表されるとしよう。

ここで、1回目の置き換えを表す置換と2回目の置き換えを表す置換の積は、次の置換 (2.10) で表された:

第 2 章　置換と群

$$\begin{pmatrix} モ & オ & ブ \\ オ & モ & ブ \end{pmatrix}$$

これと、3 回目の置き換えを表す置換との積は次のとおりになる：

$$\begin{pmatrix} モ & オ & ブ \\ オ & モ & ブ \end{pmatrix} \begin{pmatrix} オ & モ & ブ \\ ブ & モ & オ \end{pmatrix} = \begin{pmatrix} モ & オ & ブ \\ ブ & モ & オ \end{pmatrix} \quad (2.14)$$

初め（左辺の左側）の置換でモモはオレンジに置き換わり、次（左辺の右側）の置換でオレンジはブドウに置き換わるので、結局、最初のモモはブドウに置き換わり、モの下にはブが書かれている。オレンジとブドウについても、同じように置き換わって何になるかを追跡すれば、積が右辺の置換になることがわかる。

さて、2 回目の置換と 3 回目の置換との積は：

$$\begin{pmatrix} オ & ブ & モ \\ オ & モ & ブ \end{pmatrix} \begin{pmatrix} オ & モ & ブ \\ ブ & モ & オ \end{pmatrix} = \begin{pmatrix} オ & ブ & モ \\ ブ & モ & オ \end{pmatrix} \quad (2.15)$$

となる。ここで、1 回目の置換 (2.6) とこの右辺の置換 (2.15) の積を求めると、次のとおりである：

$$\begin{pmatrix} モ & オ & ブ \\ オ & ブ & モ \end{pmatrix} \begin{pmatrix} オ & ブ & モ \\ ブ & モ & オ \end{pmatrix} = \begin{pmatrix} モ & オ & ブ \\ ブ & モ & オ \end{pmatrix} \quad (2.16)$$

ここで、(2.14) と (2.16) の右辺は同じであることに気が付く。もっとも、それはそうだろう。どちらも 1 回目から 3 回目までの、3 回の置き換えを続けて行った結果を表しているのだから、答えは同じはずである。

43

■置換の積では結合法則が成り立つ

　以上の3つの置換の積についてまとめてみる。1回目、2回目、3回目の状況の変化を表す置換をA、B、Cと書くと、次の (2.17) が成り立っているわけだ：

$$(A \cdot B) \cdot C = A \cdot (B \cdot C) \qquad (2.17)$$

もちろん、

$$A = \begin{pmatrix} モオブ \\ オブモ \end{pmatrix} \quad B = \begin{pmatrix} オブモ \\ オモブ \end{pmatrix} \quad C = \begin{pmatrix} オモブ \\ ブモオ \end{pmatrix}$$

だ。

　実は、(2.17) は、A、B、C が (2.8) のうちのどの置換であっても成り立つ。しかも、3つの中に同じものがあっても、問題なく成り立つ。

　(2.17) が成り立つことは、(2.8) の6つの組にとっては幸せなことだ。(2.17) が成り立つから、(2.8) のうちの3つの積をどの順番で計算するか悩むことはないのだから。それどころか、(2.17) は3つにとどまらず、いくつの積であっても、計算の順番について悩まないでいいことも意味していることがわかる。

　(2.17) の式は、積の結合法則と呼ばれる。置換の集まりでは、積の結合法則は自然に成り立っているわけだ。そのことは、置換は「置き換え」を表しているから、当然と言えば当然である。

　(2.17) で、A、B、C を普通の数だと思ってもこの式は成立している。この点では、置換の積は、数の掛け算に似ているのだ。

第2章　置換と群

■置換の積と数の掛け算の違い

置換の積と数の積（掛け算）は、結合法則が成り立つということでは同じだが、大事な点が違っている。

A、B を数とする時、掛け算の結果は順序によらない。つまり

$$A \cdot B = B \cdot A$$

が成り立つ。

しかし、A、B を置換とすると、常に $A \cdot B = B \cdot A$ が成り立つとは限らない。例えば、

$$A = \begin{pmatrix} モオブ \\ オブモ \end{pmatrix} \quad B = \begin{pmatrix} オブモ \\ オモブ \end{pmatrix}$$

とすると、

$$A \cdot B = \begin{pmatrix} モオブ \\ オブモ \end{pmatrix} \cdot \begin{pmatrix} オブモ \\ オモブ \end{pmatrix} = \begin{pmatrix} モオブ \\ オモブ \end{pmatrix}$$

$$B \cdot A = \begin{pmatrix} オブモ \\ オモブ \end{pmatrix} \cdot \begin{pmatrix} モオブ \\ オブモ \end{pmatrix} = \begin{pmatrix} オブモ \\ ブオモ \end{pmatrix}$$

となり、確かに違う。もちろん、A、B の取り方によっては $A \cdot B = B \cdot A$ が成り立つ場合もある（例えば、$A = B$ とすると成り立つ）。

置換の積のように、常に $A \cdot B = B \cdot A$ が成り立つとは限らない積は、「**非可換な積**」と呼ばれる。これに対して、数の掛け算のように、常に $A \cdot B = B \cdot A$ が成り立つ積は、「**可換な積**」と呼ばれる。

置換の積と数の積では、非可換か可換かという違いがあ

るのだ。

■3次対称群

(2.8) の6個の置換、すなわち3個のものの置換全部の集まりに、置換の積を合わせて考えたものは、「3次対称群」と呼ばれる。記号では、S_3 と書かれることが多い。S は、シンメトリー（symmetry：対称性）の S だ。3次の3は、置き換えるものの個数を表している。

2.3　置換と巡回群

3次対称群とは、また少し異なる置換の集まりを紹介しよう。

■正3角形の回転と置換

今度は壁に、大きな正3角形が書かれた円板がかかって

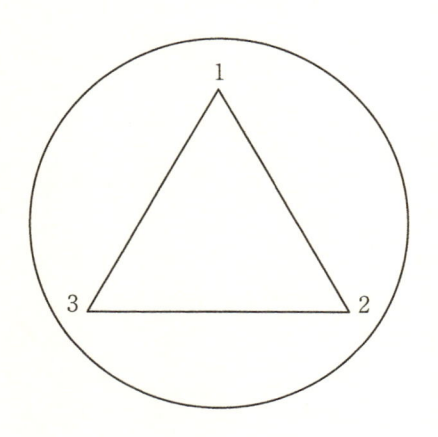

いるとしよう。正3角形の頂点には、1から3までの番号がふってある。

この円板が左回りにちょうど120°回転したとする。

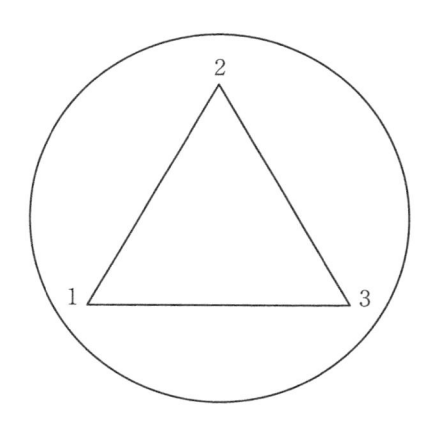

ごらんのとおり、頂点の番号が入れ替わり、最初1のあった場所に2が、2のあった場所に3が、3のあった場所に1がきた。この置き換えを表す置換は、次の記号のものになる：

$$\begin{pmatrix} 1 & 2 & 3 \\ 2 & 3 & 1 \end{pmatrix} \qquad (2.18)$$

これは、置換としては（2.6）と同じものと考えることができる。（2.6）のモが1に、オが2に、ブが3になったとしたら、（2.18）になるからだ。置換とは（2.6）や（2.18）のような記号自体のことではなく、ものの置き換わり方のことなのだ。

■同じ置換同士の積

さて、円板がさらに左回りに120°回転したとする。2回の120°回転の結果の頂点の番号の置き換えは、置換(2.18)と自分自身との積で表され、それは次の式のとおり書かれる:

$$\begin{pmatrix} 1 & 2 & 3 \\ 2 & 3 & 1 \end{pmatrix} \cdot \begin{pmatrix} 1 & 2 & 3 \\ 2 & 3 & 1 \end{pmatrix} = \begin{pmatrix} 1 & 2 & 3 \\ 3 & 1 & 2 \end{pmatrix} \quad (2.19)$$

さらにもう1回円板が左回りに120°回転したとしよう。3回の120°回転の結果の頂点の番号の置き換えは、(2.19)の右辺と、置換(2.18)の積で表され、以下のとおりとなる:

$$\begin{pmatrix} 1 & 2 & 3 \\ 3 & 1 & 2 \end{pmatrix} \cdot \begin{pmatrix} 1 & 2 & 3 \\ 2 & 3 & 1 \end{pmatrix} = \begin{pmatrix} 1 & 2 & 3 \\ 1 & 2 & 3 \end{pmatrix} \quad (2.20)$$

(2.20)の等式の右辺にある計算結果の置換:

$$\begin{pmatrix} 1 & 2 & 3 \\ 1 & 2 & 3 \end{pmatrix}$$

は、どんな置き換えを表しているだろうか?

1が1になって、2が2になって、3が3になっているのだから、何も置き換わっていない。そこで、この置換は、「**恒等置換**」と呼ばれる。記号では、Iと表されることが多い。

つまり、(2.20)は、置換(2.18)の3個の積は、恒等置換:

$$I = \begin{pmatrix} 1 & 2 & 3 \\ 1 & 2 & 3 \end{pmatrix} \quad (2.21)$$

になることを表しているわけだ。それは、120°の左回りを3回続けたらもとの位置に戻ることを表しているのに他ならない。

ここで、置換 (2.18) を記号 A で表すと、(2.20) は記号で、

$$(A \cdot A) \cdot A = A^3 = I \quad (2.22)$$

と表すことができる。A を3個掛けることは、3を小さくして右肩に乗せる記号 A^3 1つで表すことができる。A も I も数字ではなくて、置換を表しているが、数の累乗と同様にして、置換の累乗も表す。置換の積も結合法則を満たすことから、同じ置換同士では積を行う順番はどうであっても結果は同じになるからだ。

■恒等置換の性質

ここで、恒等置換 I の性質をまとめると:

——ある置換の後で恒等置換 I を行っても、結果は最初の置換の結果と変わらない。

——また、恒等置換 I の後で何かの置換を行っても、結果は後の置換の結果と変わらない。

これを、記号で書くと;

$A \cdot I = I \cdot A = A$ がどのような A についても成り立つ (2.23)

と表すことができる。

■**置換群とは**

上で述べたことから、例えば A を4個、5個、6個と掛けると：

$$A^4 = A^3 \cdot A = I \cdot A = A$$
$$A^5 = A^3 \cdot A^2 = I \cdot A^2 = A^2 \quad (2.24)$$
$$A^6 = A^3 \cdot A^3 = I \cdot A^3 = A^3 = I$$

となって、A を1個、2個、3個掛けたのと同じだ。また、3個掛けるのは1個も掛けない、つまり0個掛けたと考えることもできる。

(2.24) からわかるように、置換 A について、I、A、A^2 の組を考えると、**この3個のうちのどの2個の積も、再びこの3個のうちのどれかになる。**

これを表の形にまとめると、

	I	A	A^2
I	I	A	A^2
➡ A	A	A^2	I
A^2	A^2	I	A

となる。表の見方は、例えばいちばん左の列（縦の並び）の上から3行目の A の行（➡）を右に見ていって、いちばん上に A^2 が書いてある右はじの列の下にある欄には、A と A^2 の積 $A \cdot A^2$ の結果 I（$=A^3$）が書いてある、という具合になっている。この表は、乗積表と呼ばれる。

大事なのは：

I, A, A^2 の3個のうちのどの2個の積も、この3

個のうちのどれかになる

という状況だ。記号で I、A、A^2 の組を $\{I, A, A^2\}$ と書くことにすると、この状況は:

$\{I, A, A^2\}$ は積について閉じている

と呼ばれる。この $\{I, A, A^2\}$ のように置換の集まりで、置換の積について閉じている集まりは、「**置換群**」と呼ばれる。3個の文字の置換全ての集まり3次対称群 S_3 も、積について閉じているので、置換群の1つである。$\{I, A, A^2\}$ は3次対称群 S_3 の一部の置換の集まりであるので、置換群 $\{I, A, A^2\}$ は、3次対称群 S_3 の「部分群」であると呼ばれる。

また、置換群に含まれる置換の個数は、その置換群の「位数」と呼ばれる。3次対称群 S_3 の位数は6で、$\{I, A, A^2\}$ の位数は3となる。

■巡回群とは

この $\{I, A, A^2\}$ は、全ての元が A の累乗になっている。このような群は、「巡回群」と呼ばれる。特にいまは元が3個なので、詳しくは3次巡回群と呼ばれて、C_3 という記号で表される。C はサイクリック（cyclic：巡回的）の頭文字だ。

A に A を1個掛ければ別の元、また A を1個掛ければさらに別の元となって、いずれ群の全ての元を巡って最初の元に戻ってくるので、「巡回」群と呼ばれるわけだ。巡回群に対し、この A のような置換は巡回群を生成する

置換と呼ばれる。

また、一般の置換 B に対し、$B^n=I$ となる自然数 n で最小の n は、置換 B の位数と呼ばれる。置換 A の位数は3で、巡回群 $\{I, A, A^2\}$ の位数に等しい。このように、巡回群の位数と、その巡回群を生成する置換の位数とは等しくなる。

■巡回群は可換群

$\{I, A, A^2\}$ は、もう1つ大事な性質を持っている。

前に置換の積では、一般に $B \cdot C$ と $C \cdot B$ では結果が異なることがあるという、「非可換」という性質を説明したが、$\{I, A, A^2\}$ に含まれる置換同士の積では、常に結果は同じだ。そのことは、例えば、先の乗積表を見ればわかる。

このように、ある群に含まれる元同士の積が順番によらないような群は、**可換群**と呼ばれる。可換群は、また**アーベル群**とも呼ばれ、方程式が代数的に解けるかどうかを知る上での鍵になる。このことについては4.8節で触れる。

巡回群は、可換群の例になっているのだ。

2.4　置換の解剖学

いろいろな置換を書き表すのに、置換の「原子」、「分子」にあたる、「互換」と「巡回置換」を使って表すと、積を計算する時などに便利だ。そこで、互換と巡回置換を紹介しよう。

第2章　置換と群

■置換の略記法

まず、置換には便利な略記法があるので、それを紹介しよう。例えば、次の置換 B を考える：

$$B = \begin{pmatrix} 1 & 2 & 3 \\ 1 & 3 & 2 \end{pmatrix}$$

この置換 B は略記法では、

(23)

と書く。この書き方は、2が3に置換され、同時に3が2に置換されることを表す。変化しない1は省略する。

また例えば47ページに出てきた置換 (2.18)

$$A = \begin{pmatrix} 1 & 2 & 3 \\ 2 & 3 & 1 \end{pmatrix}$$

は、

(123)

と書く。1が2に、2が3に、3が1に置換されることを表す。

実は、A や B のように1つの (…) だけで全ての置き換えを表せない場合もある。その場合は、置き換えられる文字が残らなくなるまで (…) を増やせばよい。例えば、次の5文字の置換は

53

$$\begin{pmatrix} 1 & 2 & 3 & 4 & 5 \\ 2 & 1 & 3 & 5 & 4 \end{pmatrix} = (12)(45) \qquad (2.25)$$

と書かれることになる。

■互換は置換の原子

「互換」と呼ばれるのは、(23) のように、2 個の文字だけを入れ替える置換である。(2.25) の右辺 (12)(45) は、置換の積のように書かれているが、実際、これは置換の積に他ならない。説明しよう。

互換 (12)、(45) は、次の置換の略記だ:

$$(12) = \begin{pmatrix} 1 & 2 & 3 & 4 & 5 \\ 2 & 1 & 3 & 4 & 5 \end{pmatrix}, \quad (45) = \begin{pmatrix} 1 & 2 & 3 & 4 & 5 \\ 1 & 2 & 3 & 5 & 4 \end{pmatrix}$$

そこで、置換の積 $\begin{pmatrix} 1 & 2 & 3 & 4 & 5 \\ 2 & 1 & 3 & 4 & 5 \end{pmatrix}\begin{pmatrix} 1 & 2 & 3 & 4 & 5 \\ 1 & 2 & 3 & 5 & 4 \end{pmatrix}$ を考えると、確かに $\begin{pmatrix} 1 & 2 & 3 & 4 & 5 \\ 2 & 1 & 3 & 5 & 4 \end{pmatrix}$ となり、(2.25) の略記法で矛盾が起きないことがわかる。また、同様にして

$$(12)(45) = (45)(12)$$

もわかる。

置換を (…) の積で表す時、同じ数字は 1 つのかっこの中にしか出てこないなら、(…) 同士の順番はどのようなものでもよい。

第 2 章　置換と群

■あみだくじの原理

さて、全ての置換は、互換の積で書ける。つまり、互換は置換の原子みたいなものなのだ。

証明は、あみだくじを見ればよい。例えば、

$$\begin{pmatrix} 1 & 2 & 3 & 4 & 5 \\ 4 & 2 & 1 & 5 & 3 \end{pmatrix} = (34)(12)(14)(35)(24)$$

の「証明」を図で書くと、

となる。まず、置換を表すあみだくじを作る。あみだくじが「くじ」になり得るのは、どのような置換も実現できるからだ。でなければ、公平な「くじ」になり得ない。そして、横に1本引いた横棒が互換に対応している。そこであみだくじを見て、上から順に登場する互換を、左から右に書いていけばよい。同じ高さに複数の横線がくる時は、少しずらす。そうしてもあみだくじ自体は変化しないことが、同じ文字が登場しない互換同士の積では順番が問題に

ならないことに対応している。

　置換を表すあみだくじを作るには、置換の記号の上の行と下の行の同じ数字を線分で結んだ図を描く。そして、あみだくじの形になるように、その線を少しずつ変形していけばよい。その時につながり具合、特に互いに交わる線の組み合わせを間違えないように注意する。

■巡回置換は置換の分子

　次は「巡回置換」について説明しよう。
　例として、5文字の置換

$$\begin{pmatrix} 1 & 2 & 3 & 4 & 5 \\ 3 & 2 & 4 & 5 & 1 \end{pmatrix}$$

を考える。1の後に3がきて、3の後に4がきて、4の後に5がきて、5の後に1がくる、なお2の後には2がくるということを表している置換だが、何か気が付くことはないだろうか。

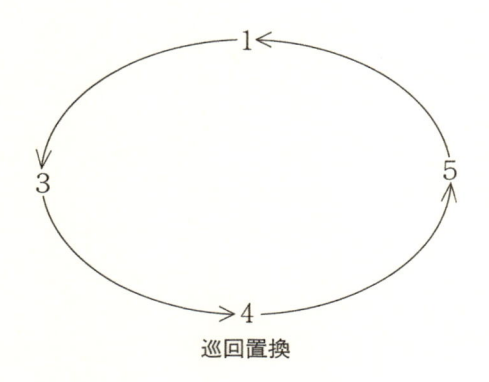

巡回置換

そう、いまの説明のように、1から始めて、置き換わる数字をたどっていくと、変化する数字を全て経由して、1に戻ってくる。このような置換を「巡回置換」と呼ぶ。図のように、まるで円を一回りするように文字が置き換わっているからである。

巡回置換を先に説明した略記法で表すと、(…) が1つだけ登場する。

実際：

$$\begin{pmatrix} 1 & 2 & 3 & 4 & 5 \\ 3 & 2 & 4 & 5 & 1 \end{pmatrix} = (1345)$$

となる。

右辺のかっこの中の文字の数を、その巡回置換の長さと呼ぶ。この場合の巡回置換の長さは4だ。また巡回置換の位数は、その長さであることがわかる。例えば、互換も1つの巡回置換で、長さも位数も2である。

置換の略記法のところで説明したことは、どのような置換も、いくつかの巡回置換の積で表せるということだ。つまり、巡回置換は置換の分子なのだ。どんな置換も巡回置換の積で表した時、同じ文字が2つ以上の巡回置換に現れることはないように表すことができる。

以上の置換の略記法や、互換、巡回置換を使って、先に進もう。

第3章　対称式と解の公式

　ある数（Aとしよう）が、方程式の解の四則演算で計算されるとする。例えば、a、b、cをある3次方程式の3個の解とするとき、Aの計算経過を整理すると、$A=\dfrac{f(a,b,c)}{g(a,b,c)}$のように多項式$f(a,b,c)$と$g(a,b,c)$の分数の形で表される。このような多項式の分数は「**有理式**」と呼ばれる。

　この時、$f(a,b,c)$と$g(a,b,c)$の中で解の置き換えを考えることができるから、一般に有理式$\dfrac{f(a,b,c)}{g(a,b,c)}$の中でも解の置き換えを考えることができる。それに伴って、$\dfrac{f(a,b,c)}{g(a,b,c)}$の値も変化するだろう。ガロアは、その時の変化を追究したのである。

　ガロアの研究については次章以降に説明するが、この章ではその準備として、まず方程式の解a、b、cを数ではなく文字だと考え、文字の有理式の中で文字を置換した時の変化を調べることから始めることにする。

第3章 対称式と解の公式

3.1 対称式と方程式
■文字式に置換を作用させる

例えば、3個の文字 a、b、c の多項式 $a+b+c$ で、変数、すなわち a、b、c をいろいろに置き換えてみよう。

第2章の初めに説明した通り、a、b、c の置き換え（置換）は、全部で6個ある。それらを書き出すと、

$$\begin{pmatrix} abc \\ abc \end{pmatrix}, \begin{pmatrix} abc \\ bac \end{pmatrix}, \begin{pmatrix} abc \\ acb \end{pmatrix}, \begin{pmatrix} abc \\ cba \end{pmatrix}, \begin{pmatrix} abc \\ bca \end{pmatrix}, \begin{pmatrix} abc \\ cab \end{pmatrix} \tag{3.1}$$

となる。

さて、式 $a+b+c$ の文字を、右から2個目の置換

$$\begin{pmatrix} abc \\ bca \end{pmatrix} \tag{3.2}$$

の表す文字の置き換えで、置き換えてみよう。これは、式 $a+b+c$ に置換 $\begin{pmatrix} abc \\ bca \end{pmatrix}$ を作用させると言い、その結果を記号で：

$$\begin{pmatrix} abc \\ bca \end{pmatrix}(a+b+c)$$

と書く。

実際に置き換えを実行してみよう。置換 (3.2) は、a を b に、b を c に、c を a に置き換えることを表しているから、$a+b+c$ は、$b+c+a$ に置き換わる。しかし、$a+b+c$ と $b+c+a$ は同じ式だ。このことは、記号で：

$$\begin{pmatrix} abc \\ bca \end{pmatrix}(a+b+c)=b+c+a=a+b+c \quad (3.3)$$

と書かれる。

■対称式とは

一般には、文字式の文字を置き換えると式は変化して、別の式になることがほとんどである。例えば、$ab+c$ で a と c を入れ替えると $cb+a$ と別の式になる。記号で書くと：

$$\begin{pmatrix} abc \\ cba \end{pmatrix}(ab+c)=cb+a \neq ab+c$$

というわけだ。

実は、$a+b+c$ には、(3.1) の 6 個のどの置換を施しても、変化しない。実際に、$\begin{pmatrix} abc \\ bca \end{pmatrix}$ も含め、6 個の置換を作用させて確かめてみよう：

$$\begin{pmatrix} abc \\ abc \end{pmatrix}(a+b+c)=a+b+c \text{ でそのまま} \quad (3.4)$$

$$\begin{pmatrix} abc \\ bac \end{pmatrix}(a+b+c)=b+a+c=a+b+c \quad (3.5)$$

$$\begin{pmatrix} abc \\ acb \end{pmatrix}(a+b+c)=a+c+b=a+b+c \quad (3.6)$$

$$\begin{pmatrix} abc \\ cba \end{pmatrix}(a+b+c)=c+b+a=a+b+c \quad (3.7)$$

第3章　対称式と解の公式

$$\begin{pmatrix} abc \\ bca \end{pmatrix}(a+b+c) = b+c+a = a+b+c \quad (3.8)(=(3.3))$$

$$\begin{pmatrix} abc \\ cab \end{pmatrix}(a+b+c) = c+a+b = a+b+c \quad (3.9)$$

となり、$a+b+c$ に (3.1) の 6 個の置換を作用させた結果は、いずれももとの式 $a+b+c$ に等しく、変化していない。

この $a+b+c$ のように、a、b、c の多項式で a、b、c のどの置換を作用させても変化しない式は、a、b、c の「対称式」と呼ばれる。

■置換の積と作用の関係

ところで、$a+b+c$ が a、b、c の対称式であることを確かめるのに、上で行ったように全ての置換を作用させて確かめる必要は、実は、いまの場合ない。それは、例えば、$\begin{pmatrix} abc \\ bca \end{pmatrix}$ と $\begin{pmatrix} abc \\ bac \end{pmatrix}$ を作用させて $a+b+c$ が不変なら、$\begin{pmatrix} abc \\ acb \end{pmatrix}$ を作用させて不変なことが次のとおりわかるからだ。ポイントは、$\begin{pmatrix} abc \\ acb \end{pmatrix}$ が、$\begin{pmatrix} abc \\ bca \end{pmatrix}$ と $\begin{pmatrix} abc \\ bac \end{pmatrix}$ の積であること、すなわち、$\begin{pmatrix} abc \\ acb \end{pmatrix} = \begin{pmatrix} abc \\ bca \end{pmatrix}\begin{pmatrix} abc \\ bac \end{pmatrix}$ となることだ。

第 2 章で説明したとおり、本書では置換の積を左から書いているので、$\begin{pmatrix} abc \\ bca \end{pmatrix}\begin{pmatrix} abc \\ bac \end{pmatrix}$ を $a+b+c$ に作用させると

き、まず、$\begin{pmatrix} abc \\ bca \end{pmatrix}$ を作用させて、その結果に $\begin{pmatrix} abc \\ bac \end{pmatrix}$ を作用させることに注意しよう。すなわち：

$$\begin{pmatrix} abc \\ acb \end{pmatrix}(a+b+c) = \left\{\begin{pmatrix} abc \\ bca \end{pmatrix}\begin{pmatrix} abc \\ bac \end{pmatrix}\right\}(a+b+c)$$

ここで、置換の順番が入れ替わるので注意！（本書では、置換の積を左から書いているため）

$$= \begin{pmatrix} abc \\ bac \end{pmatrix}\left\{\begin{pmatrix} abc \\ bca \end{pmatrix}(a+b+c)\right\}$$

なのだが、(3.3) より

$$= \begin{pmatrix} abc \\ bac \end{pmatrix}(a+b+c)$$

となり、(3.5) より

$$= a+b+c$$

となって、結局：

$$\begin{pmatrix} abc \\ acb \end{pmatrix}(a+b+c) = a+b+c$$

がわかるというわけである。つまり、(3.3) と (3.5) から、(3.6) はわかるのだ。

置換 $\begin{pmatrix} abc \\ cab \end{pmatrix}$ と $\begin{pmatrix} abc \\ cba \end{pmatrix}$ についても、

$$\begin{pmatrix} abc \\ cab \end{pmatrix} = \begin{pmatrix} abc \\ bca \end{pmatrix}^2, \quad \begin{pmatrix} abc \\ cba \end{pmatrix} = \begin{pmatrix} abc \\ cab \end{pmatrix}\begin{pmatrix} abc \\ bac \end{pmatrix} \left(= \begin{pmatrix} abc \\ bca \end{pmatrix}^2\begin{pmatrix} abc \\ bac \end{pmatrix}\right)$$

だから、同様にして、これらを $a+b+c$ に作用させて不

変なことが、$\begin{pmatrix} abc \\ bca \end{pmatrix}$ と $\begin{pmatrix} abc \\ bac \end{pmatrix}$ を $a+b+c$ に作用させて不変なことからわかる。ここでも、本書では置換の積を左から書いていることを注意する。

置換としてはもう1つ、恒等置換 $\begin{pmatrix} abc \\ abc \end{pmatrix}$ が残っているが、これを作用させても各文字は自分自身に置き換わるだけなので、どのような a、b、c の式も不変になる。

こうして、$\begin{pmatrix} abc \\ bca \end{pmatrix}$ と $\begin{pmatrix} abc \\ bac \end{pmatrix}$ を $a+b+c$ に作用させて不変なことから、(3.1) の6個のどの置換を $a+b+c$ に作用させても不変であることがわかった。それは、

> 一般に、置換 C が置換 A と置換 B の積で $C=AB$ と表されている時、C を文字式 f に作用させた結果は、A を文字式 f に作用させた結果に、B を作用させた結果に等しい。すなわち式で書くと：
>
> $$Cf = (AB)f = B(Af)$$

となるからだ。

■ 3変数の2次の対称式

a、b、c の他の対称式の例をあげよう。2次式で $ab+bc+ca$ はどうだろうか。$\begin{pmatrix} abc \\ bca \end{pmatrix}$ と $\begin{pmatrix} abc \\ bac \end{pmatrix}$ を作用させてみると：

$$\begin{pmatrix} abc \\ bca \end{pmatrix}(ab+bc+ca) = bc+ca+ab = ab+bc+ca$$

$$\begin{pmatrix} abc \\ bac \end{pmatrix}(ab+bc+ca) = ba+ac+cb = ab+bc+ca$$

なので、すぐ前で説明したことから、(3.1) のどの置換を $ab+bc+ca$ に作用させても変化しないことがわかる。$ab+bc+ca$ は、3 変数の 2 次の対称式なのだ。

■ 3 変数の 3 次の対称式

3 次式 abc に $\begin{pmatrix} abc \\ bca \end{pmatrix}$ と $\begin{pmatrix} abc \\ bac \end{pmatrix}$ を作用させてみると:

$$\begin{pmatrix} abc \\ bca \end{pmatrix}(abc) = bca = abc$$

$$\begin{pmatrix} abc \\ bac \end{pmatrix}(abc) = bac = abc$$

だから、やはり abc に (3.1) のどの置換を作用させても変化しないことがわかる。abc は、3 変数の 3 次の対称式なのだ。

3.2 対称式の基本定理
■方程式の係数を解の式で表す

3 つの式 $a+b+c$、$ab+bc+ca$、abc は、どれも a、b、c の対称式であることがわかった。この 3 つは適当に選んだわけではない。この 3 つの間には、とても深い関係がある。それは、次の式を展開するとわかる。

$$(X-a)(X-b)(X-c) \qquad (3.10)$$

展開すると：

$$\begin{aligned}
(X-a)(X-b)(X-c) &= (X^2-(a+b)X+ab)(X-c) \\
&= X^2(X-c)-(a+b)X(X-c)+ab(X-c) \\
&= X^3-cX^2-(a+b)X^2-(a+b)X(-c)+abX-abc \\
&= X^3-(a+b+c)X^2+(ab+bc+ca)X-abc \qquad (3.11)
\end{aligned}$$

となる。展開した結果を X の多項式と見ると、先の3つの対称式が係数になっている。ただし、偶数次の係数にはマイナスがついている。

これは、3次方程式の**解と係数の関係**に他ならない。つまり、

$$3\text{次方程式の2次の係数}=-(a+b+c)$$
$$3\text{次方程式の1次の係数}=(ab+bc+ca)$$
$$3\text{次方程式の定数項}=-abc$$

というわけだ。すなわち、3次方程式の係数を方程式の解の式で表すと、解の対称式になるということがわかる。

■基本対称式

このことは、解 a、b、c の個数をもっと増やしても成り立つ。例えば、5個 a、b、c、d、e の場合も、

$$(X-a)(X-b)(X-c)(X-d)(X-e) \qquad (3.12)$$

を展開した時の X の各次数の項の係数は、a、b、c、d、e の対称式だ。それは、次のようにしてわかる。

式 (3.12) で a、b、c、d、e をどのように置き換えても因数を掛ける順番が変わるだけなので、展開した式は当然変化しない。したがって、展開した時の X の各次数の項の係数も a、b、c、d、e をどのように置き換えても変化しない、つまり対称式になることがわかる。

これらの (3.10) や (3.12) の形の式を展開した時、X の各次数の項の係数となる a、b、c、… の式は、a、b、c、… の「**基本対称式**」と呼ばれ、方程式と解の関係を考える上でたいへん重要になってくる。ただし、適宜符号を変えて見やすくする。

例えば、1～4変数の基本対称式は、以下のとおりである：

1変数 (a)	a
2変数 (a,b)	$a+b$, ab
3変数 (a,b,c)	$a+b+c$, $ab+bc+ca$, abc
4変数 (a,b,c,d)	$a+b+c+d$, $ab+ac+ad+bc+bd+cd$, $abc+abd+acd+bcd$, $abcd$

■対称式の基本定理

基本という修飾語は、「対称式の基本定理」と呼ばれる次の事実が成り立つことから付いている。この事実を最初に証明したのは、ニュートンである。

対称式の基本定理（ニュートン） (3.13)

対称式は、基本対称式の多項式として表すことがで

> きる。

例で説明しよう。

2つの変数 a、b の対称式 a^2+b^2 で説明する。2つの変数 a、b の基本対称式は、ab と $a+b$ である。$a^2+b^2=(a+b)^2-2ab$ なので、基本対称式で表すことができる。これが、対称式の基本定理の内容だ。

もちろん、対称式の基本定理は、変数 a、b、c、…がいくつあっても成り立つ。

3.3 方程式の解の対称式の値

ここまでの話から、方程式の解の対称式の値は、係数から計算されることがわかる。実際、多項式が基本対称式ならば、その式の値は方程式の係数の1つと同じか、符号を変えたものだ。また、対称式であれば基本対称式の多項式として表せるので、式の値は方程式の係数から計算ができる。

詳しくは次が成り立つ：

方程式の解の対称式の値	=	方程式の係数から、加法（と減法）と乗法を使って計算できる

(3.14)

このことも、方程式の解の性質を知るための、たいへん重要な手がかりになる。

ところで、対称式のもともとの意味は、その中の変数の、全ての置換を作用させても変化しない式のことだった。す

ると、(3.14) は次のように言い換えることができる。

| 方程式の解の多項式 f に、全ての解の置換を作用させても変化しない | ⇒ | f の値は、方程式の係数から、加法（と減法）と乗法を使って計算できる | (3.15) |

■方程式の係数の四則演算で計算できる数とは？

同じことは、有理式についても成り立つ。有理式とは、例えば $\dfrac{a^2+c^2}{ab+c}$ のように、多項式の分数として表される文字式のことだ。有理式にも式の中の文字の置き換えとして、置換を作用させることができる。そして、全ての文字の置換を作用させても変化しない有理式も、対称式と呼ばれる。

有理式に対しても、多項式の場合と同様に、(3.13) の「**多項式**」を「**有理式**」に置き換えたことが成り立つ[1]。そして、(3.15) の「**多項式**」を「**有理式**」に置き換えた、以下が成り立つことも同様である。ただし、方程式の係数からの計算の過程に、除法も必要になる：

| 方程式の解の有理式 R に、全ての解の置換を作用させても変化しない | ⇒ | 方程式の解の有理式 R の値は、方程式の係数から、四則演算（加法と減法、乗法、除法）を使って計算できる | (3.16) |

第3章　対称式と解の公式

■逆は真ならず＝ガロア群への道

ところで、(3.16)の逆：

| 方程式の解の有理式 R に、全ての解の置換を作用させても変化しない | ⇐ | 方程式の解の有理式 R の値は、方程式の係数から、四則演算（加法と減法、乗法、除法）を使って計算できる | (3.17) |

は、必ずしも成り立つとは限らない。

方程式によっては、解の組み合わせの妙で、作用させると式としては変化してしまう解の置換があるにもかかわらず、その値が方程式の係数の四則演算で計算できるような有理式が見つかる可能性がある。すなわち、(3.16)の左側の仮定は、右側の結論にとっては強すぎる可能性がある。

例えば、2次方程式 $x^2+3x+1=0$ の2つの解を a, b と書く時、式 $a^2-2ab-3b-1$ に置換 (ab) を作用させると、$b^2-2ab-3a-1$ となり文字式としては変化している。

しかし、式 $a^2-2ab-3b-1$ の値は、

$$a^2-2ab-3b-1 = a^2-2ab+b^2 \quad (b^2+3b+1=0 \text{ より})$$
$$= (a+b)^2-4ab$$
$$= (-3)^2-4\cdot1 = 9-4 = 5$$

---
[1] 例えば、中島匠一著『代数方程式とガロア理論』（共立出版）の1.45［命題］（39ページ）で証明されている。とてもトリッキーな面白い証明である。一読の価値は大有りだ。他書にも載っていると思うので目に付いた本で読んでみてほしい。

となり、係数から四則演算を使って計算されている。

この時、同様に $b^2-2ab-3a-1=5$ となり、置換 (ab) を作用させても式の値は変化しない。これは、上の計算経過を見ればわかるとおり、式 $a^2-2ab-3b-1$ の値は係数から四則演算を使って計算されていることから当然である。

式 $a^2-2ab-3b-1$ に置換 (ab) を作用させると、「**式としては変化するが、値は変化しない**」。この差を見つめることが、方程式が代数的に解ける条件についてのガロアの発見の鍵になったのだが、それについてはこの先のお楽しみである。

3.4 交代式と差積
■交代式とは

対称式に加えて、**交代式**(こうたいしき)と呼ばれる式も方程式が代数的に解けるかどうか調べる時に役立つ。交代式とは、そこに登場する変数のうち、**勝手な2つを置き換えると、常に符号が変わる式**のことである。第2章で紹介したとおり、このような置換は互換と呼ばれる。つまり、交代式とは、**全ての互換に対して、作用させると式の符号が変化する式**のことである。

例えば、a^2-b^2 は2変数の交代式である。登場する変数は、a、b の2個だけだから、互換は (ab) だけである。これを作用させた結果は、b^2-a^2 となり、確かに符号だけ変化している。

これに対して、対称式とは、「全ての互換を作用させて変化しない式」と言うこともできる。つまり対称式か交代式かは、全ての置換を作用させなくとも、互換だけ作用さ

第3章 対称式と解の公式

せてチェックすればよい。

■奇置換と偶置換

ある置換を互換の積で表す時、いくつの互換で表すことができるかを考えてみよう。

例えば、55ページで出てきた、$\begin{pmatrix} 1 & 2 & 3 & 4 & 5 \\ 4 & 2 & 1 & 5 & 3 \end{pmatrix}$ は、

$$\begin{pmatrix} 1 & 2 & 3 & 4 & 5 \\ 4 & 2 & 1 & 5 & 3 \end{pmatrix} = (34)(12)(14)(35)(24)$$

だから、5個の互換の積で表すことができる。また、途中に互換 (23) を2つ挟んで

$$\begin{pmatrix} 1 & 2 & 3 & 4 & 5 \\ 4 & 2 & 1 & 5 & 3 \end{pmatrix} = (34)(12)(14)(23)(23)(35)(24)$$

と表すこともできるから、7個の互換の積で表すこともできるし、同様にして9個でも、11個でも表せることがわかる。

このようにある置換を互換の積で表す時、使用する互換の数は1つには定まらない。しかし、**偶数か奇数かは、置換によって決まる**ことが知られている。

$\begin{pmatrix} 1 & 2 & 3 & 4 & 5 \\ 4 & 2 & 1 & 5 & 3 \end{pmatrix}$ は、奇数の例だ。この例のように**奇数個の互換の積で表せる置換は奇置換、偶数個の互換の積で表せる置換は偶置換**と呼ばれる。

■交代式=√対称式 である

交代式とは、互換を作用させると必ず符号だけが変わる

式だった。だから、奇置換を作用させると、符号は奇数回変わり、最終的に符号が変わることがわかる。一方、偶置換を作用させると、符号の変化は偶数回で、結局符号は変わらず、式は変化しないことがわかる。

まとめると:

・交代式に奇置換を作用させると、符号だけ変化する
・交代式に偶置換を作用させると、式は変化しない

となる。

そこで、ある交代式（Aで表そう）の2乗 A^2 を考えると、A に奇置換を作用させれば $(-A)$ になるから、A^2 は $(-A)^2 = A^2$ となり変化しない。A に偶置換を作用させても変化しないから、A^2 も変化しない。つまり、どのような置換を A^2 に作用させても変化しないことがわかる。

この A^2 のように、変数の全ての置換を作用させても変化しない式は対称式と呼ばれるのだった。つまり、**交代式の2乗は対称式**であり、**交代式は対称式の平方根**だということがわかる。

■**差積とは**

交代式の中でも、「基本交代式」と呼んでもよいものが、**差積**と呼ばれる式だ。差積とは、異なる2つずつの文字の差の積だ。ただし、同じ組み合わせは1回だけ差をとる。

例を見ていただいた方が、わかりやすいだろう。1〜4変数の差積は、以下のとおりである:

第3章　対称式と解の公式

1変数 (a)	なし
2変数 (a,b)	$(a-b)$ あるいは $-(a-b)$ $(=(b-a))$
3変数 (a,b,c)	$(a-b)(a-c)(b-c)$ あるいは $-(a-b)(a-c)(b-c)$
4変数 (a,b,c,d)	$(a-b)(a-c)(a-d)(b-c)(b-d)(c-d)$ あるいは $-(a-b)(a-c)(a-d)(b-c)(b-d)(c-d)$

　表のように、差積は2とおり作れるが、符号が違うだけだ。

■交代式の基本定理

　前に対称式の基本定理が登場したが、交代式の基本定理にあたるのが

全ての交代式は、差積×対称式　と書ける

という事実である。ただし、交代式の基本定理とは、どうしたわけか呼ばれない。

　2変数の場合を例に説明すると、

$$a^2-b^2=(a-b)(a+b)$$

と書けることを言っている。$(a-b)$ が差積で、$(a+b)$ が対称式である。

　まさに、差積は「基本」交代式と呼べるわけである。

3.5 方程式の判別式と差積
■方程式の判別式

　基本対称式と同様に、「基本交代式」の差積も方程式の係数と関係がある。ただし、方程式の係数と直接に関係があるのは差積そのものでなく、その2乗の判別式だ。判別式＝(差積)² というわけだ。

　方程式の解の差積（以下、**方程式の差積**あるいは単に**差積**と呼ぶ）は、その方程式の解の差の積である。したがって、もし方程式の解の中に同じものがある（重解を持つ）とすると差積の値は0になり、解が全て異なる（重解を持たない）とすると0にはならない。判別式は差積の2乗だから、その値が0になるかならないかで、方程式が重解を持つか持たないかが「判別」できる、というのが判別式の名の由来である。

■判別式と差積は、方程式の係数から計算される

　判別式は、交代式である差積の2乗だから、対称式だ。また、差積は方程式の解の多項式となるので、判別式も同様である。

　すると、(3.14)で説明した対称式の性質から：

> **判別式の値は、方程式の係数から四則演算で計算される**　　　(3.18)

ことがわかる（もちろん、だから判別式として使われている）。

　さらに、差積は判別式の平方根だから、結局：

> 差積の値は、方程式の係数から四則演算で計算される数の平方根である (3.19)

ことがわかる。

方程式の係数が有理数の場合、運よく判別式の値が、有理数の2乗になっていれば、その平方根である差積も有理数になる。しかし、一般にはそのようにはならず、差積の値は、有理数の範囲からはみだすことになる。

3.6 差積と判別式の計算例

少し難しくなったので、2次方程式と3次方程式の場合に、判別式と差積を具体的に計算して、実際に方程式の係数で表してみよう。通常、判別式は D、差積は $\varDelta$ と書かれるので、以下でもそのように表す。

例1：2次方程式 $x^2+px+q=0$ の場合

解と係数の関係から、$p=-(a+b)$、$q=ab$ なので、

$$
\begin{aligned}
(判別式)\ D=\varDelta^2 &= (a-b)^2 \\
&= (a+b)^2-4ab \\
&= (-p)^2-4q \\
&= p^2-4q
\end{aligned}
$$

したがって、解を a、b として、

$$(差積)\ \varDelta = a-b = \pm\sqrt{p^2-4q}$$

となる。

例 2 : 3 次方程式 $x^3+px+q=0$ の場合

$$D=-4p^3-27q^2, \quad \Delta=(a-b)(a-c)(b-c)=\pm\sqrt{-4p^3-27q^2}$$

となる。詳しい計算は、コラム(3.1)に示す。

なお、3 次方程式の場合、D の正負によって解の様子が以下のとおりわかる:

$D>0$:方程式は、3 個の実数解を持つ;

$D=0$:方程式は、重解を持つ(解は全て実数である);

$D<0$:方程式は、1 個の実数解と、2 個の共役な複素数解を持つ。

コラム (3.1) 3 次方程式の判別式 D の計算

$D=-4p^3-27q^2$ となることを示すには、

$$(a-b)^2(a-c)^2(b-c)^2=-4p^3-27q^2$$

となることを示せばよい。そのために、まず、$(a-b)(a-c)$ を計算すると、

$$\begin{aligned}(a-b)(a-c)&=a^2-(b+c)a+bc\\&=a^2+(ab+bc+ca)-2(b+c)a\end{aligned}$$

ここで、解と係数の関係から、$a+b+c=0$、$ab+bc+ca=p$、$abc=-q$ となることを使うと、

$$(a-b)(a-c) = a^2 + p - 2(-a)a = 3a^2 + p$$

となる。

同様に計算して、

$$(b-c)(b-a) = 3b^2 + p, \quad (c-a)(c-b) = 3c^2 + p$$

となる。したがって

$$\begin{aligned}
&(a-b)^2(a-c)^2(b-c)^2 \\
&= [(a-b)(a-c)][(b-c)\{-(b-a)\}] \\
&\quad [\{-(c-a)\}\{-(c-b)\}] \\
&= -\{(a-b)(a-c)\}\{(b-c)(b-a)\} \\
&\quad \{(c-a)(c-b)\} \\
&= -(3a^2+p)(3b^2+p)(3c^2+p) \\
&= -\{27a^2b^2c^2 + 9(a^2b^2+b^2c^2+c^2a^2)p \\
&\quad + 3(a^2+b^2+c^2)p^2 + p^3\}
\end{aligned}$$

となるが、

$$\begin{aligned}
&abc = -q \\
&a^2+b^2+c^2 = (a+b+c)^2 - 2(ab+bc+ca) = -2p \\
&a^2b^2+b^2c^2+c^2a^2 \\
&\quad = (ab+bc+ca)^2 - 2(ab^2c+bc^2a+ca^2b) \\
&\quad = (ab+bc+ca)^2 - 2abc(a+b+c) = p^2
\end{aligned}$$

だから、

$$(a-b)^2(a-c)^2(b-c)^2$$

$$= -\{27(-q)^2 + 9p^3 + 3(-2p)p^2 + p^3\}$$
$$= -(27q^2 + 4p^3)$$

となる。

3.7 3次方程式の解の公式と解の置換

ここまでのまとめとして、3次方程式:

$$y^3 + py + q = 0 \quad (3.20)$$

の解の公式:

$$y = \sqrt[3]{-\frac{q}{2} + \sqrt{\left(\frac{q}{2}\right)^2 + \left(\frac{p}{3}\right)^3}} + \sqrt[3]{-\frac{q}{2} - \sqrt{\left(\frac{q}{2}\right)^2 + \left(\frac{p}{3}\right)^3}}$$

と、この章で説明したこととの関係を調べてみよう。

■解を解の式で表す

方程式 (3.20) の解を a、b、c とする。ここでは、3個とも異なると考える。この時、解を次のとおり表すことができる。第2章の最初に、2次方程式に対して同様のことを行ったので、それと対比させるとわかりやすいだろう:

$$a = \frac{(a+b+c) + (a+\omega b + \omega^2 c) + (a+\omega^2 b + \omega c)}{3} \quad (3.21a)$$

$$b = \frac{(a+b+c) + \omega^2(a+\omega b + \omega^2 c) + \omega(a+\omega^2 b + \omega c)}{3} \quad (3.21b)$$

$$c = \frac{(a+b+c) + \omega(a+\omega b+\omega^2 c) + \omega^2(a+\omega^2 b+\omega c)}{3} \quad (3.21\text{c})$$

ω は 1 の 3 乗根、すなわち $x^3-1=0$ の解のうち、1 でないものを表している。つまり $x^3-1=(x-1)(x^2+x+1)$ と因数分解できて、ω は 1 でないから、ω は 2 次方程式 $x^2+x+1=0$ の解となり、解の公式を用いて

$\omega = \dfrac{-1 \pm \sqrt{-3}}{2}$ と求めることができる。

したがって、$\omega^2+\omega+1=0$ が成り立つことから、等式 (3.21) が成り立つことがわかる。例えば、(3.21a) は：

$$\frac{(a+b+c)+(a+\omega b+\omega^2 c)+(a+\omega^2 b+\omega c)}{3}$$
$$= \frac{a+b+c+a+\omega b+\omega^2 c+a+\omega^2 b+\omega c}{3}$$
$$= \frac{3a + (1+\omega+\omega^2)b + (1+\omega^2+\omega)c}{3}$$

$\omega^2+\omega+1=0$ だから、これは a に等しい。残りの (3.21b) と (3.21c) も同様である。

ここで ω は複素数だが、有理数 $\left(-\dfrac{1}{2}\right)$ と整数 (-3) の平方根から計算される。第 1 章で説明したとおり、有理数は全て方程式 (3.20) の係数から四則演算で計算されるので、結局、ω は方程式 (3.20) の係数から代数的に作られていることに注意しよう。

■分子の各項の正体を探る

式 (3.21) の分子の第1項 $(a+b+c)$ は、a、b、c の基本対称式だから、方程式 (3.20) の係数 p、q の有理式で表せることがわかる。もっとも、いまの方程式 (3.20) の場合は y^2 の係数は 0 だから、$a+b+c=0$ である。

しかし、式 (3.21) の分子の第2項の $a+\omega b+\omega^2 c$ と第3項の $a+\omega^2 b+\omega c$ の方は p、q の有理式で表すことはできない。理由は、これらが a、b、c の対称式ではない、すなわち a、b、c の置換をこれらに作用させると変化してしまうからだ。例えば、(abc) を作用させると、それぞれ ω^2 倍、ω 倍される。実際、

$$(abc)(a+\omega b+\omega^2 c) = b+\omega c+\omega^2 a$$
$$= \omega^2 a+\omega^4 c+\omega^3 b$$
$$= \omega^2(a+\omega b+\omega^2 c)$$

($a+\omega^2 b+\omega c$ についても同様) となる。

これらは、2次方程式の時の $(a-b)$ にあたるものだ。$(a-b)$ も2次方程式の解 a、b の対称式ではなかった。しかし、その2乗 $(a-b)^2$ は対称式になり、方程式の係数の四則演算で表すことができた。

3次方程式の場合、$(a+\omega b+\omega^2 c)^2$ と $(a+\omega^2 b+\omega c)^2$ はまだ (abc) で変化することがわかる。ここは2次方程式の時と異なる点だ。実際

$$(abc)(a+\omega b+\omega^2 c)^2 = \{\omega^2(a+\omega b+\omega^2 c)\}^2$$
$$= \omega(a+\omega b+\omega^2 c)^2$$

($(a+\omega^2 b+\omega c)^2$ についても同様) となる。

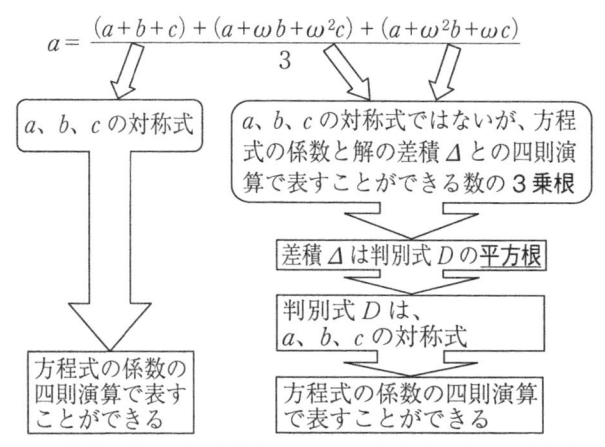

第3章　対称式と解の公式

$$a = \frac{(a+b+c) + (a+\omega b+\omega^2 c) + (a+\omega^2 b+\omega c)}{3}$$

```
        ↙                    ↓        ↘
┌──────────────┐    ┌────────────────────────────┐
│ $a$、$b$、$c$の対称式 │    │ $a$、$b$、$c$の対称式ではないが、方程 │
└──────────────┘    │ 式の係数と解の差積$\Delta$との四則演 │
        │            │ 算で表すことができる数の3乗根   │
        │            └────────────────────────────┘
        │                         ↓
        │            ┌────────────────────────────┐
        │            │ 差積$\Delta$は判別式$D$の平方根    │
        │            └────────────────────────────┘
        │                         ↓
        │            ┌────────────────────────────┐
        │            │ 判別式$D$は、             │
        │            │ $a$、$b$、$c$の対称式         │
        │            └────────────────────────────┘
        ↓                         ↓
┌──────────────┐    ┌────────────────────────────┐
│ 方程式の係数の  │    │ 方程式の係数の四則演算     │
│ 四則演算で表す  │    │ で表すことができる         │
│ ことができる    │    └────────────────────────────┘
└──────────────┘
```

3次方程式の解aが、方程式の係数から代数的に表される仕組み

$$a = \frac{(a+b) + (a-b)}{2}$$

```
        ↙                    ↘
┌──────────────┐    ┌────────────────────────────┐
│ $a$、$b$の対称式 │    │ $a$、$b$の対称式ではないが、   │
└──────────────┘    │ 方程式の解の差積$\Delta$      │
        │            └────────────────────────────┘
        │                         ↓
        │            ┌────────────────────────────┐
        │            │ 差積$\Delta$は判別式$D$の平方根    │
        │            └────────────────────────────┘
        │                         ↓
        │            ┌────────────────────────────┐
        │            │ 判別式$D$は、             │
        │            │ $a$、$b$の対称式            │
        │            └────────────────────────────┘
        ↓                         ↓
┌──────────────┐    ┌────────────────────────────┐
│ 方程式の係数の  │    │ 方程式の係数の四則演算     │
│ 四則演算で表す  │    │ で表すことができる         │
│ ことができる    │    └────────────────────────────┘
└──────────────┘
```

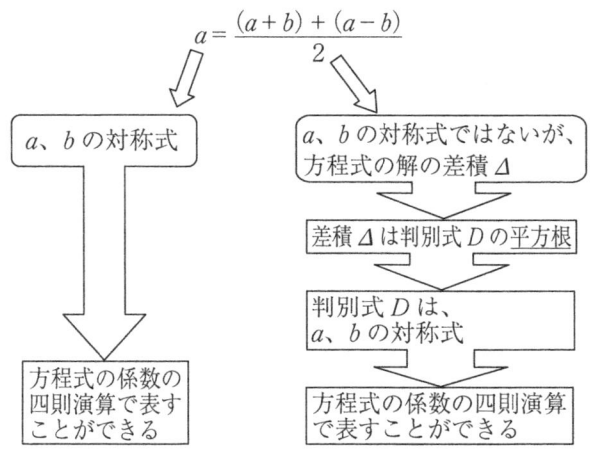

2次方程式の解aが、方程式の係数から代数的に表される仕組み

では、それぞれの3乗 $(a+\omega b+\omega^2 c)^3$ と $(a+\omega^2 b+\omega c)^3$ は、どうだろうか。残念ながらこれも全ての置換で不変というわけにはいかない。例えば、(abc) を作用させると変化しないが、(bc) を作用させると互いにもう一方の式へと変化してしまう：

$$(bc)(a+\omega b+\omega^2 c)^3 = (a+\omega c+\omega^2 b)^3$$
$$= (a+\omega^2 b+\omega c)^3$$

しかし、実はこの2つは、方程式の係数と差積 Δ の四則演算で計算されるのだ（コラム(3.2)参照）。差積 Δ の2乗である判別式 D は、a、b、c の対称式だから、こちらは、方程式の係数の四則演算で表すことができる。つまり、$(a+\omega b+\omega^2 c)^3$ と $(a+\omega^2 b+\omega c)^3$ は、方程式の係数に加えて、方程式の係数から四則演算で計算される数 D の平方根を使って表すことができる。そして、それぞれの3乗根を選んで式 (3.21) に代入すれば、a、b、c を方程式 (3.20) の係数1、p、q で代数的に表すことができることになる。これが、3次方程式の解の公式の正体なのだ。

コラム (3.2) $(a+\omega b+\omega^2 c)^3$ と $(a+\omega^2 b+\omega c)^3$ **は、方程式の係数と差積 Δ の四則演算で計算される**

$(a+\omega b+\omega^2 c)^3$（以下 A と書く）と $(a+\omega^2 b+\omega c)^3$（以下 B と書く）の2つを解に持つ2次方程式：

$$(x-A)(x-B) = x^2 - (A+B)x + AB = 0$$

を考えると、$A+B$ と $A \cdot B$ に a、b、c のどのよう

第3章 対称式と解の公式

な置換を作用させても不変になるから、上の2次方程式の係数は、方程式 (3.20) の係数 p と q の有理式となることがわかる。

それは、$A+B$ と $A \cdot B$ に (abc) と (bc) を作用させても変化しないことはすぐにわかるが、これから互換 $(ab)=(bc)(abc)$、$(ac)=(abc)(bc)$ を作用させても変化しないことがわかるからだ（左の置換を先に作用させる順番で積を表していることに注意）。

この2次方程式を解けば A と B を p と q から代数的に求める式が求められるが、第2章のはじめに紹介した2次方程式の解の公式の成り立ちから考えると、解は $\dfrac{(A+B) \pm \sqrt{(A-B)^2}}{2}$ として求められる。

これを計算すると、$A+B=-3^3 q$、$AB=-3^3 p^3$ となるので、2次方程式は $X^2+3^3 qX-3^3 p^3=0$ となり、

$$(A-B)^2=(A+B)^2-4AB=3^3(27q^2+4p^3)=-3^3 D$$

となる。

実際の $A+B$ と AB の計算では、$a+b+c=0$ と $1+\omega+\omega^2=0$、$\omega^3=1$ を何度も使う。

$A+B$ の計算は、$s^3+t^3=(s+t)(s+\omega t)(s+\omega^2 t)$ を、$s=(a+\omega b+\omega^2 c)$、$t=(a+\omega^2 b+\omega c)$ として使うと便利である；

$$\begin{aligned}
s+t &= (a+\omega b+\omega^2 c)+(a+\omega^2 b+\omega c) \\
&= 2a+(\omega+\omega^2)(b+c) \\
&= 2a-(b+c)=\{2a-(-a)\}=3a
\end{aligned}$$

$$s+\omega t=(a+\omega b+\omega^2 c)+\omega(a+\omega^2 b+\omega c)$$
$$=2\omega^2 c+(1+\omega)(a+b)=2\omega^2 c-\omega^2(a+b)$$
$$=2\omega^2 c-\omega^2(-c)=3\omega^2 c$$
$$s+\omega^2 t=(a+\omega b+\omega^2 c)+\omega^2(a+\omega^2 b+\omega c)$$
$$=2\omega b+(1+\omega^2)(a+c)=2\omega b-\omega(a+c)$$
$$=2\omega b-\omega(-b)=3\omega b$$

というわけで、

$$s^3+t^3=(s+t)(s+\omega t)(s+\omega^2 t)$$
$$=3a \cdot 3\omega^2 c \cdot 3\omega b=3^3 abc=-3^3 q$$

となる。

AB については、$AB=(st)^3$ であるが、

$$st=(a+\omega b+\omega^2 c)(a+\omega^2 b+\omega c)$$
$$=a^2+b^2+c^2+(\omega+\omega^2)(ab+bc+ca)$$
$$=(a+b+c)^2+(\omega+\omega^2-2)(ab+bc+ca)$$
$$=-3(ab+bc+ca)=-3p$$

なので、$AB=(-3p)^3=-3^3 p^3$ となる。

これから、$A=(a+\omega b+\omega^2 c)^3$, $B=(a+\omega^2 b+\omega c)^3$ を求めて、それぞれの立方根を式 (3.21a) に代入すると、解の公式が得られる。

いまの場合、$a+b+c=0$ だから、式 (3.21a) は、

$a=\dfrac{(a+\omega b+\omega^2 c)+(a+\omega^2 b+\omega c)}{3}$ だが、これを

$a=\dfrac{(a+\omega b+\omega^2 c)}{3}+\dfrac{(a+\omega^2 b+\omega c)}{3}$ と書き直すと、

実は、第 1 章で求めたカルダノの公式と同じものであることがわかる。

実際、$u=\dfrac{a+\omega b+\omega^2 c}{3}$, $v=\dfrac{a+\omega^2 b+\omega c}{3}$ とおくと、$u^3=\dfrac{A}{3^3}$, $v^3=\dfrac{B}{3^3}$ だから

$$u^3+v^3=\dfrac{A+B}{3^3}=-q,\ u^3v^3=\dfrac{AB}{(3^3)^2}=-\left(\dfrac{p}{3}\right)^3$$

となるので、u^3 と v^3 は、2 次方程式 $X^2+qX-\left(\dfrac{p}{3}\right)^3$ の解である。この 2 次方程式をどこかで見かけなかっただろうか？ そう、これは、第 1 章で 3 次方程式の解の公式を求める時に出てきた、方程式（1.16）である。カルダノの公式では、3 次方程式の解を $u+v$ と表したわけだが、これは、上の $\dfrac{(a+\omega b+\omega^2 c)}{3}$ $+\dfrac{(a+\omega^2 b+\omega c)}{3}$ と全く同一である。

■ 4 次には通用するが、5 次以上では通用しない

4 次の場合も、そして 5 次以上の方程式の場合も、(3.21) にあたる式がヴァンデルモンドによって作られた。しかし問題は、$(a+\omega b+\omega^2 c)^3$ や $(a+\omega^2 b+\omega c)^3$ にあたるものの満たす方程式の次数がどんどん上がっていってしまうのである。そして、5 次以上の場合にこの方向で解の公式を探すことは困難になってしまった。

第4章　ガロア理論事始め

いよいよこの章から、ガロアの発見した、方程式が代数的に解けるかどうかの秘密を握る「**ガロア群**」についての説明を開始しよう。

4.1　ガロア群のアイディア

まず、ガロア群のアイディアを説明しよう。ここでは、これまでに説明した、2次方程式と3次方程式の解の公式が、方程式の係数から代数的に表される仕組みを思い出すと、理解しやすいだろう。

■解の公式の仕組みを振り返る

第1章で説明したとおり、「ある方程式を代数的に解く」というのは、その方程式の解を、方程式の係数の四則演算とべき根をとる操作を組み合わせて表すことだった。

例えば、2次方程式 $x^2+px+q=0$ の解の公式：

第4章　ガロア理論事始め

$$x = \frac{-p \pm \sqrt{p^2 - 4q}}{2}$$

は、方程式を代数的に解く公式である。ここで、これまでに説明したとおり、平方根 $\sqrt{p^2-4q}$ は、解 a、b の差積 $\pm(a-b)$ である。差積は解の交代式だから、解の基本対称式である方程式の係数の四則演算では表せない。しかし、2乗した $(a-b)^2$ は対称式になり、方程式の係数の四則演算で $(a-b)^2 = p^2 - 4q$ と表すことができる。そこで、平方根 $a - b = \pm\sqrt{p^2-4q}$ をとれば、$p = a + b$ との平均で、解 a、b を：

$$\frac{(a+b)+(a-b)}{2} = a, \quad \frac{(a+b)-(a-b)}{2} = b$$

と表すことができるのだった。

3次方程式の場合も、第3章の最後に説明したとおり、同様にまず差積＝判別式の平方根をとり、次にこれと方程式の係数の四則演算で表される数の3乗根をとることで、代数的な解の公式を作ることができた。4次方程式の場合も同様である。

しかし5次以上の方程式の場合には、差積をとった後に作るうまいべき根がなかなか発見できず、結局、ルフィニやアーベルによってどのように作ってもダメなことがわかり、5次以上の方程式の代数的な解の公式は作れないことが証明されたのだった。

しかし、5次以上の方程式でも代数的に解けるものはいくらでもある。そのような方程式では、解の公式を作る際

の障害の、どこが上手く回避されるのだろうか。

■**解の有理式で、値が有理数の式を全て知りたい**

ところで判別式の値が有理数の2乗になると、差積の値は有理数になる。このような方程式では、差積の値を得るために平方根をとる操作は必要ない。それは、第1章で説明したとおり、**有理数は常に方程式の係数の四則演算で計算される**からだ。したがって、この時は、差積の値はすでに方程式の係数の四則演算で計算されることになる。

5次以上の方程式で代数的に解くことができるものに対しても、同様の出来事が起きているのではないだろうか。そう考えると、方程式の解が方程式の係数によってどのように表されるかを考えるにあたって、まず解の有理式で値が有理数になるものを全て知ることが大事になりそうである。

■**ラグランジュの定理**

差積の値が有理数の時、どのようにしたら、値が有理数になる解の有理式の全てを知ることができるのか。

第3章では、

方程式の解の有理式 R に、全ての解の置換を作用させても変化しない	⇨	方程式の解の有理式 R の値は、方程式の係数から、四則演算（加法と減法、乗法、除法）を使って計算できる

(3.16)

第4章 ガロア理論事始め

は成り立つが、その逆：

| 方程式の解の有理式 R に、全ての解の置換を作用させても変化しない | ⇐ | 方程式の解の有理式 R の値は、方程式の係数から、四則演算（加法と減法、乗法、除法）を使って計算できる | (3.17) |

は、必ずしも成り立つとは限らないことを説明した。

実際、差積 $\Delta = \Delta(a, b, \cdots)$ に互換を作用させると符号が変化するが、その値が有理数であれば、方程式の係数から四則演算を使って計算できることになるから、この時の Δ は（3.17）が成り立たない例になっている。

実は、（3.17）が成り立たない例は、他にもたくさんある。その鍵は、方程式の係数と差積 Δ は全ての偶置換を作用させても変化しないことにある。したがって、方程式の係数と差積の有理式 $R(\Delta, p, q, \cdots)$ も、解の有理式としては全ての偶置換を作用させても変化しない。ただし、$p, q, \cdots$ は方程式の係数を表す。

このとき、ラグランジュが一般的に示した事実[1]から、

---

[1] ラグランジュは次のことを示した：F, G を文字 $a, b, c, \cdots$ の有理式だとする。文字 $a, b, c, \cdots$ の置換で、式 F に作用させて変化させない置換を、式 G に作用させても変化させないなら、G は F と文字 $a, b, c, \cdots$ の基本対称式の有理式として書ける。

したがって、文字 $a, b, c, \cdots$ が方程式の解を表す時、解の置換で F に作用させて（式として）変化させないもののいずれを G に作用させても変化しないなら、G の値は、F の値と方程式の係数から四則演算で計算できることになる。特に、方程式の係数と F の値が有理数なら、G の値も有理数である。

本文中では、F を差積 Δ、G を有理式 R として上の事実を使っている。

以下のとおり、この事実の逆が成り立つことがわかる：

| 方程式の解の有理式 R に、解の全ての偶置換を作用させても、有理式 R は変化しない | ⇒ | 有理式 R の値は、方程式の係数と<u>差積 $\it\Delta$（の値）</u>から、四則演算を使って計算できる |

　特に、差積 $\it\Delta$ の値が有理数の時、解の有理式 R が偶置換を作用させて変化しなければ、その値は有理数であることになる。R は全ての置換で不変とは限らないので、(3.16) の逆 (3.17) が成り立たない例は、ぐっと増えることになる。

■ガロア群のアイディア

　しかし、差積が有理数の場合でも、全ての解の偶置換で不変な有理式で、値が有理数となる解の有理式が全て尽きているかどうかは、やはりわからない。偶置換で不変でない式の中にも、値が有理数になる式があるかもしれない。

　しかしその場合でも、どうにかして解の式で値が有理数になるようなものの全てを決めることはできないだろうか。

　これこそが、ガロアの考えたことである。

　ガロアは、代数方程式のそれぞれに対して、その方程式の解の有理式で値が有理数になるような式全部に、ちょうど対応するような解の置換の集まりを見つけ出すことに成功した。これが、後に方程式の**ガロア群**と呼ばれるようになるものである。

第4章 ガロア理論事始め

　もう少し詳しく言うと、方程式のガロア群とは解の置換の集まりで、以下の性質（ア）、（イ）を持つものである：

（ア）置換の積について閉じていて；
（イ）有理数を係数とする解の有理式の値（＝解の四則演算で計算される数）について、

| 「ガロア群」に入る全ての解の置換を作用させても、式の値が変化しない | ⇔ | その式の値は、有理数 |

(4.1)

が成り立つ。

　ここで、⇔は左右の性質が同値、つまり左の性質が成り立てば右の性質が成り立ち、右の性質が成り立てば左の性質が成り立つ、すなわち、左右の性質は同時に成り立つか成り立たないかのいずれかであることを表す。

（イ）が、本質的である。これが、「**解の式で値が有理数になるようなものを全て知るには、方程式のガロア群を知ればよい**」ということを主張している。そのため、式そのものでなく、**式の値が変化しない**という条件に緩めて考えたのだ。

　本書の以下の章では、この内容について、方程式のガロア群を実際に求めながら、詳しく解説していく。実は、上

91

の表現そのままでは一般の場合に使うには勝手が悪い。ガロア群の定義も少しずつ形を変えながら、一般の場合に通用する表現に近づけていく。

■ガロア群の作り方

ガロアは、(4.1) の (ア)、(イ) を満たす解の置換の集まりを、与えられた方程式から**直接作る方法を示した**。ガロアのガロア群の作り方は、溢れる才能を感じることのできるものだ。しかし、説明は技術的な話となり、数学的な準備が必要だ。それに、ガロア自身も認めるように、それぞれの方程式に対して具体的にガロアの方法でガロア群を求めるのはほぼ不可能である。

そこで、本書では、上の性質 (4.1) を出発点として、それを満たす解の置換の集まりとして、実際の方程式のガロア群を求めていくことにしよう。ガロアによるガロア群の作り方については、章末の4.8節で2次方程式の場合を例に、あらすじを紹介するにとどめる[2]。

では、1次方程式から順にガロア群を調べてみよう。

4.2　1次方程式のガロア群
■1次方程式の場合

まずは、1次方程式のガロア群から始めよう。例えば、方程式：

$$x+p=0 \qquad (4.2)$$

---
[2] リーバー著『ガロアと群論』(みすず書房) にも説明されているが、より詳しくは、巻末にあげる彌永や Tignol、Edwards の著書で解説されている。

の解は、$x=-p$ 1つだけだ。解が1つしかないのだから、解を置き換えようにも、自分自身で置き換えるしかない。つまり恒等置換しか存在しない。したがって、この方程式 (4.2) のガロア群のメンバーは、恒等置換 I 1つだけからなる。

忘れないように四角で囲むと：

> 1次方程式のガロア群は、恒等置換 I のみからなる。

4.3 2次方程式のガロア群

次は、2次方程式のガロア群を調べよう。

■2次方程式のガロア群（1）

例えば、2次方程式：

$$x^2+3x+1=0 \qquad (4.3)$$

の判別式 D の値は $3^2-4=5$ だから、実数解を2個持つ。この2個の解を a、b と書くことにする。解は2個だから、解の置換は次の2個がありうる：

$$\begin{pmatrix} a & b \\ a & b \end{pmatrix}, \begin{pmatrix} a & b \\ b & a \end{pmatrix}$$

方程式 (4.3) のガロア群は積で閉じているから、$\begin{pmatrix} a & b \\ a & b \end{pmatrix}$ つまり恒等置換 I だけからなるか、$\begin{pmatrix} a & b \\ a & b \end{pmatrix}$、$\begin{pmatrix} a & b \\ b & a \end{pmatrix}$ の

両方からなるかのどちらかだ。

では、どっちだろう。

それには、判別式 D の値が有理数の2乗になるかどうか調べるとよい。方程式 (4.3) の判別式 D の値は上で計算したとおり5で、有理数の2乗にはなっていないから、解 a、b の式 $a-b=$（差積）$\Delta=\pm\sqrt{5}$ は有理数ではない。

4.1節の最後にまとめたガロア群の性質 (4.1)（91ページ）から、この例のように a、b の式の値が有理数でない場合、ガロア群に含まれる置換には、その式に作用させると、値が変化してしまうものがあるはずだ。

つまり、方程式 (4.3) のガロア群には、差積 $\Delta=a-b$ に作用させた時、値が変化するような置換が含まれていなくてはならない。しかし、恒等置換 I を解 a、b のどんな式に作用させても、式自体変化しないのだから、値も変化しない。したがって、方程式 (4.3) のガロア群には、恒等置換以外の置換も含まれていなくてはならず、それは $\begin{pmatrix} a & b \\ b & a \end{pmatrix}$ である。実際、$\begin{pmatrix} a & b \\ b & a \end{pmatrix}$ を $a-b$ に作用させると、結果は、$b-a=\mp\sqrt{5}$ となり、確かに $a-b$ の値は変化する。この場合、式自体が変化している。

以上から、方程式 (4.3)：$x^2+3x+1=0$ のガロア群は、恒等置換 $\begin{pmatrix} a & b \\ a & b \end{pmatrix}$ と置換 $\begin{pmatrix} a & b \\ b & a \end{pmatrix}$ の両方からなることがわかった。

■2次方程式のガロア群（2）

先の方程式（4.3）の解は無理数だったが、解が有理数になる2次方程式のガロア群はどうなるだろうか。

例えば、方程式：

$$x^2 + 3x - 4 = (x+4)(x-1) = 0 \quad (4.4)$$

の解は、1と-4である。

ガロア群を調べるために、差積$\varDelta$を計算しよう。$a=1$、$b=-4$と書くことにすると、

$$\begin{aligned}差積\ \varDelta &= \pm(a-b) = \pm\sqrt{r^2-4s} \\ &= \pm\sqrt{(-3)^2-4(-4)} = \pm 5\end{aligned}$$

は有理数である。

この$\varDelta$のように、解a、bの式で値が有理数の式に対しては、ガロア群に含まれるどのような置換を作用させても、その式の値は変化してはならない、というのが方程式のガロア群の性質である。このことを用いると、方程式（4.4）のガロア群を以下のとおり求めることができる。

式$(a-b)$に、$\begin{pmatrix} a & b \\ b & a \end{pmatrix}$を作用させると、値は$a-b=5$から、$b-a=-5$へと変化してしまう。したがって、$\begin{pmatrix} a & b \\ b & a \end{pmatrix}$が方程式（4.4）のガロア群に入るわけにはいかない。一方、もう1つの置換（恒等置換）を式$(a-b)$に作用させても式は変化しないから、値も変わらない。

以上から、方程式（4.4）のガロア群は、恒等置換Iのみからなることがわかった。

■2次方程式のガロア理論

以上をまとめると、有理数を係数とする2次方程式 $x^2+px+q=0$ のガロア群は、以下のとおり、2つの場合がある。ただし、2つの解を a、b と書く:

---

①判別式が有理数の2乗ではない場合:
$$\begin{pmatrix} a & b \\ a & b \end{pmatrix}, \begin{pmatrix} a & b \\ b & a \end{pmatrix} \text{の両方}$$

②判別式が有理数の2乗の場合:
$$\begin{pmatrix} a & b \\ a & b \end{pmatrix} \text{(恒等置換) のみ}$$

さて、第2章で説明したとおり、2つの解 a、b は、次のように書き表すことができる:

$$a = \frac{(a+b)+(a-b)}{2} = \frac{(a+b)+\sqrt{(a-b)^2}}{2}$$
$$b = \frac{(a+b)-(a-b)}{2} = \frac{(a+b)-\sqrt{(a-b)^2}}{2} \quad (4.5)$$

式 (4.5) の $(a+b)$ は、方程式の1次の係数の符号を変えた $(-p)$ である。

しかし、判別式 $(a-b)^2$ は、①の場合は有理数の2乗ではないので $(a-b)=\sqrt{(a-b)^2}$ は有理数ではない。しかし、$(a-b)^2$ は対称式なので、第3章で説明したとおり、その値は方程式の係数の四則演算で計算される。したがって、$(a-b)$ は方程式の係数の四則演算で計算される数の平方根ではある。

第4章　ガロア理論事始め

　この場合2つの解は有理数でないので、元の方程式の左辺を有理数 a、b を用いて、$x^2+px+q=(x-a)(x-b)$ と1次式2つの積に分解することはできない。このような時、x^2+px+q は既約であると言われる。

　一方、②の場合は、$(a-b)$ は有理数だから、式（4.5）によって2つの解 a、b も有理数になる。第1章で説明したとおり、有理数は全て方程式の係数から四則演算で計算できる。つまり、解 a、b は方程式の係数から四則演算で

2次方程式のガロア理論

2次方程式 $x^2+px+q=0$（ただし、p、q は有理数とする）のガロア群は、2つの解を a、b と書くと以下のとおりであり、それぞれの場合の解について以下のことがわかる：

ガロア群は $\begin{pmatrix} a & b \\ a & b \end{pmatrix}$、$\begin{pmatrix} a & b \\ b & a \end{pmatrix}$ の両方を含む	ガロア群は $\begin{pmatrix} a & b \\ a & b \end{pmatrix}$（恒等置換）のみ
・判別式 D の値は有理数の2乗ではないので、差積 Δ の値は有理数ではない（複素数かもしれない）；	・判別式 D の値は有理数の2乗なので、差積 Δ の値は有理数；
・解 a、b は有理数ではない；有理数 $(a+b)$ と有理数の平方根（差積 $\Delta=a-b$）の平均として計算される。 →解を求めるために**開平が必要**	・したがって、解 a、b は有理数 →解を求めるために**開平は不要**
・方程式の左辺 x^2+px+q は、既約	・方程式の左辺 x^2+px+q は、既約ではない（可約）

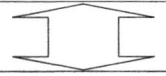

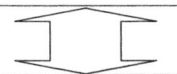

計算できる。またこの場合、方程式の解が有理数だから、この有理数 a、b を用いて $x^2+px+q=(x-a)(x-b)$ と、係数が有理数の1次式2つの積に分解できる。このような場合、方程式は可約、あるいは既約でないと言われる。

以上の内容は、図のとおりまとめることができる。これは、一般の方程式に対するガロアの発見の2次方程式版である。

ご覧のとおり、方程式のガロア群がわかれば、解が有理数かどうか、さらに有理数でない場合でも有理数の平方根があれば計算できることが、わかる！

もちろん、それは、方程式のガロア群にどのような置換が入るべきか、すなわち方程式のガロア群の定義を正しく設定することができたからだ。この方程式のガロア群の定義について詳しく説明する前に、もう少し実例に親しんでもらうため、3次方程式のガロア群を調べてみよう。

4.4　3次方程式のガロア群（1）：角の3等分のガロア理論
■3次方程式になると、ガロア群の種類が増える

重解を持たない3次方程式は、3個の互いに異なる解を持つ。これらを a、b、c と書き表すことにすると、第2章で説明したとおり、解の置換は以下の6個ある：

$$\begin{pmatrix} abc \\ abc \end{pmatrix}, \begin{pmatrix} abc \\ bac \end{pmatrix}, \begin{pmatrix} abc \\ acb \end{pmatrix}, \begin{pmatrix} abc \\ cba \end{pmatrix}, \begin{pmatrix} abc \\ bca \end{pmatrix}, \begin{pmatrix} abc \\ cab \end{pmatrix}$$

3次方程式のガロア群には、方程式に応じて、上の6個がさまざまな組み合わせで集まることになる。2次方程式の場合、解の置換は2個だったから、3次方程式の場合

第4章　ガロア理論事始め

は、組み合わせはぐっと多くなっている。

■解が3個とも有理数の場合

方程式が

$$x^3 - x = x(x-1)(x+1) = 0$$

のように解が3個とも有理数の場合、方程式のガロア群は、1次方程式や2次方程式で解が2個とも有理数の場合と同じく、恒等置換 I 1つのみからなる。この場合、恒等置換以外のどの置換に対しても、解の有理式で値が有理数なのに、その置換を作用させると値が変化する式があるのだ。どのような式がそうか、考えてみてほしい[3]。なお、この点については4.6節でも説明する。

■1つだけの解が有理数の場合

方程式が

$$x^3 + 3x^2 + x = x(x^2 + 3x + 1) = 0$$

のように、解の1個 ($x=0$) だけが有理数で、残りの2個が有理数でない場合、方程式のガロア群は、3個の解を a ($=0$)、b、c と書いて、(bc) と恒等置換 I の2個からなることがわかる。

この時 b、c は、4.3節で説明した方程式 (4.3) の解だから、有理数 $b+c=-3$ と $\sqrt{5}$ から四則演算で求めることができる。

---

[3] 答え：方程式は重解を持たないとしているから、解自体がそのような式である。

以上は、1次方程式、2次方程式の場合と、本質的に同じだ。

■角の3等分の方程式

ここからは、3次方程式ならではの状況が出現する。

まず、次の3次方程式：

$$x^3 - 3x + 1 = 0 \qquad (4.6)$$

のガロア群を求めてみよう。

方程式 (4.6) は、ギリシャの3大作図不可能問題の1つ「定規とコンパスのみを使って角を3等分することの可能性」に関連する方程式で、120°の角の3等分を表している。

いま三角関数の3倍角の公式 $\cos 3\alpha = 4\cos^3 \alpha - 3\cos \alpha$ の両辺を2倍した式：

$$2\cos 3\alpha = 8\cos^3 \alpha - 6\cos \alpha \qquad (4.7)$$

で、$2\cos \alpha = x$ とおけば、

$$2\cos 3\alpha = x^3 - 3x$$

となる。ここで、$3\alpha = 120°$ とすると、$\cos 3\alpha = -\dfrac{1}{2}$ となるから、方程式 (4.7) は方程式 (4.6) と同じだ。これから求める方程式 (4.6) のガロア群に入る置換の数を見ると、定規とコンパスのみを使って120°の角を3等分すること、すなわち、40°の角を作図することはできないということがわかる。本書では、第7章で関連する事項を少し説明するが、これ以上は立ち入らない[4]。

第4章 ガロア理論事始め

■角の3等分の方程式のガロア群

方程式 (4.6) の3つの解を a、b、c として、ガロア群を求めてみよう。

まず、最初の手がかりは、a、b、c の差積：

$$(a-b)(a-c)(b-c) \qquad (4.8)$$

の値を計算することで得られる。

2次の項がない3次方程式：

$$x^3 + px + q = 0 \qquad (4.9)$$

に対しては、差積は第3章で説明したとおり、

$$\pm\sqrt{-4p^3 - 27q^2} \qquad (4.10)$$

となる。方程式 (4.6)：$x^3 - 3x + 1 = 0$ は、方程式 (4.9) で $p = -3$、$q = 1$ としたものだから、差積の値は、

$$\pm\sqrt{-4p^3 - 27q^2} = \pm\sqrt{-4 \cdot (-3)^3 - 27 \cdot 1^2}$$
$$= \pm\sqrt{-4 \cdot (-27) - 27 \cdot 1} = \pm\sqrt{(4-1) \cdot 27} = \pm 9$$

となる。

これは有理数だから、2次方程式の時に説明したとおり、方程式 (4.6) のガロア群に含まれる置換は、差積 $(a-b)(a-c)(b-c)$ を変化させてはならない。

しかし、第3章で説明したとおり、互換、すなわち3個の解のうち2個を入れ換える置換：

---
[4] 詳しくは矢野健太郎の名著『角の三等分』（ちくま学芸文庫）をぜひ、ご覧いただきたい。

$$\begin{pmatrix} abc \\ bac \end{pmatrix}, \begin{pmatrix} abc \\ acb \end{pmatrix}, \begin{pmatrix} abc \\ cba \end{pmatrix} \quad (4.11)$$

を作用させると、差積は符号が変わってしまう！ したがって、(4.11) の3個の置換は方程式 (4.6) のガロア群には入れない。

一方、(4.11) に上がらなかった残りの3個の置換：

$$\begin{pmatrix} abc \\ abc \end{pmatrix}, \begin{pmatrix} abc \\ bca \end{pmatrix}, \begin{pmatrix} abc \\ cab \end{pmatrix} \quad (4.12)$$

では、下図のとおり差積は変化しない！

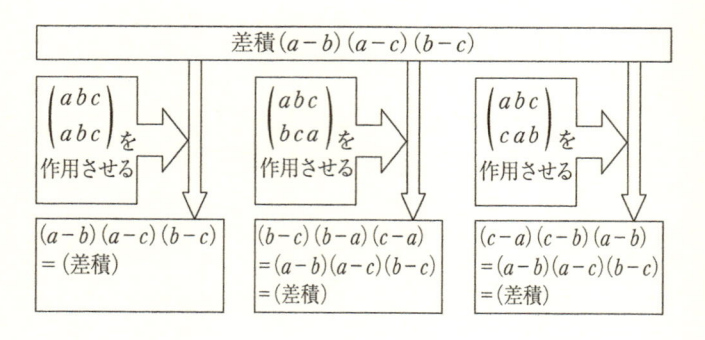

差積 $(a-b)(a-c)(b-c)$		
$\begin{pmatrix} abc \\ abc \end{pmatrix}$ を作用させる	$\begin{pmatrix} abc \\ bca \end{pmatrix}$ を作用させる	$\begin{pmatrix} abc \\ cab \end{pmatrix}$ を作用させる
$(a-b)(a-c)(b-c)$ = (差積)	$(b-c)(b-a)(c-a)$ = $(a-b)(a-c)(b-c)$ = (差積)	$(c-a)(c-b)(a-b)$ = $(a-b)(a-c)(b-c)$ = (差積)

したがって、差積の値が有理式であることからは、(4.12) の3個の置換が、方程式 (4.6) のガロア群に含まれる**可能性がある**ことがわかった。

■ガロア群のメンバーをさらに絞り込む

しかし、まだ、方程式 (4.6) のガロア群が、(4.12) の

第4章 ガロア理論事始め

3つ全部を含むのか、その一部だけを含むのかはわからない。この先を決定するには、別の a、b、c の式を使わなくてはならない。

ここでは、最も単純な式である a、すなわち方程式の1つの解を使ってみよう。a は有理数でないという事実を使うのだ。この事実については、コラム(4.1)に少し一般的な場合に通用する証明を示した。もちろん、3次方程式の解の公式 (1.12) で、$p=-3$、$q=1$ として具体的に解を計算してもわかるが、多少込み入った値になる。

さて、解 a は有理数ではないので、方程式 (4.6) のガロア群には、a に作用させると値が変化してしまう解の置換が含まれているはずだというのが、4.1節の終わりに説明したガロア群の性質 (4.1) の (イ) である。

(4.12) の3個の置換を a に作用させた時の変化は以下のとおりだ:

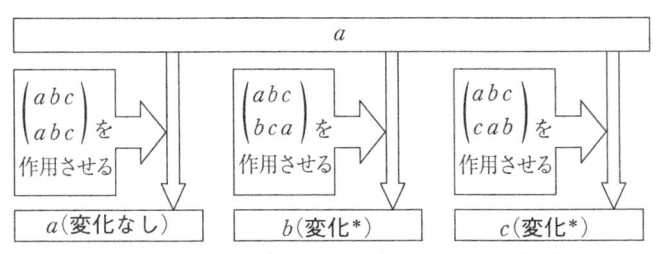

a

$\begin{pmatrix} a b c \\ a b c \end{pmatrix}$ を作用させる	$\begin{pmatrix} a b c \\ b c a \end{pmatrix}$ を作用させる	$\begin{pmatrix} a b c \\ c a b \end{pmatrix}$ を作用させる
a (変化なし)	b (変化*)	c (変化*)

*判別式 $\neq 0$ なので、方程式 (4.6) の解は全て相異なる。

したがって、

103

$$\begin{pmatrix} abc \\ bca \end{pmatrix}, \quad \begin{pmatrix} abc \\ cab \end{pmatrix}$$

の少なくとも一方が、方程式 (4.6) のガロア群に含まれる可能性があることがわかる。

ここで、ガロア群のもう 1 つの性質（(4.1) の (ア)）から、ガロア群は置換の積について、閉じていなくてはならない。このことから、方程式 (4.6) のガロア群には、(4.12) の 3 個の置換の全てが含まれることが、以下のとおりわかる。

例えば、$\begin{pmatrix} abc \\ bca \end{pmatrix}$ が含まれるとすると、ガロア群は積で閉じていることから

$$\begin{pmatrix} abc \\ bca \end{pmatrix}^2 = \begin{pmatrix} abc \\ cab \end{pmatrix}, \quad \begin{pmatrix} abc \\ bca \end{pmatrix}^3 = \begin{pmatrix} abc \\ abc \end{pmatrix}$$

も含まれるはずだ。

$\begin{pmatrix} abc \\ cab \end{pmatrix}$ が含まれると仮定しても同様である。

以上から、方程式 (4.6) のガロア群は、以下の、(4.12) の 3 個の置換からなることがわかった：

$$\begin{pmatrix} abc \\ abc \end{pmatrix}, \quad \begin{pmatrix} abc \\ bca \end{pmatrix}, \quad \begin{pmatrix} abc \\ cab \end{pmatrix}$$

第4章 ガロア理論事始め

コラム (4.1) a が有理数でないことの証明

方程式 $x^3-3x+1=0$ は有理数の解を持たないことを証明する[5]。証明は、背理法で行う。つまり、この方程式が有理数の解 $\frac{q}{p}$ (ただし、既約分数、すなわち、q と p は互いに素で $p>0$ とする) を持ったと仮定する。すると、x に $\frac{q}{p}$ を代入して

$$\left(\frac{q}{p}\right)^3 - 3\left(\frac{q}{p}\right) + 1 = 0$$

が成り立つ。分母を払うと、

$$q^3 - 3qp^2 + p^3 = 0$$

したがって

$$q^3 = 3qp^2 - p^3$$

となる。

さて、ここで右辺は $p(3pq-p^2)$ と書けるから、p が2以上とすると右辺は p の倍数だが、一方 p と q は互いに素だから左辺は、p では割れない。これは矛盾なので、$p=1$ である。すると、最初に戻って、方

---

[5] より一般に、以下の事実が知られている。証明は同様である:最高次の係数が1で、その他の全ての係数が整数の方程式が、有理数の解を持ったとすると、その解は、整数で、しかも定数項の約数である。
　特に、定数項が1のこのような方程式が有理数の解を持てば、それは1か−1でなくてはならない。

程式 (4.6) に $x=q$ を代入して $q^3-3q+1=0$ が成り立つ。すなわち、$1=3q-q^3$ だが、右辺は $q(3-q^2)$ と書けるから、q は左辺の 1 も割るはずである。このような整数は、1 と -1 しかない。

しかし、$x=1$ を x^3-3x+1 に代入すれば値は -1、$x=-1$ を代入すれば値は 3 となり、どちらも 0 ではない。つまり、1 も -1 も解にはなり得ない。以上まとめると、方程式 (4.6): $x^3-3x+1=0$ には、有理数の解はないことがわかる。

4.5 ガロア群の定義:暫定版

ここまで実際にガロア群を求めてきたが、ここでガロア群の定義をきちんと説明する。ただし、後の章でより一般の場合に通用するように定義を修正するので、ここでは「暫定版」と呼ぶ:

ガロア群の定義:暫定版

代数方程式のガロア群とは、次の①と②の 2 つの性質が成り立つような方程式の解の置換の集まりで、置換の積について閉じているものである。なお、解を文字 $a,b,c,\cdots$ で表す。また、方程式は重解を持たないとし、$a,b,c,\cdots$ の値は全て異なるとする:

①**方程式の解 $a,b,c,\cdots$ の有理式に、ガロア群に含まれる全ての置換を作用させても値が変化しない時、その式の値は有理数である。**

②**方程式の解 $a,b,c,\cdots$ の有理式で、式の値が有理数**

であるものに対し、**ガロア群に含まれる全ての置換をその式に作用させても値は変化しない。**

注意してほしいのは、置換した時に、解の値を代入して式の値が変化しないかどうか、あるいは有理数かどうかと、式自体でなくその「**値**」で判断している点である。

4.6 ガロア群の最初のご利益

これまでにいくつかのガロア群を求めた。それらから大事なことが1つわかるので、それをまとめておこう。ガロア群の最初のご利益というわけだ：

方程式のガロア群が、恒等置換 I のみからなる方程式は、全ての解が有理数である。
逆に、方程式の全ての解が有理数なら、ガロア群は恒等置換 I のみからなる。

4.7 ガロア流のガロア群とは

この先より一般の方程式に進むと、ガロア群は一般にもっと複雑になる。そこで先に進む前にここで、ガロアの頭の中にあった形で方程式のガロア群を紹介しよう。ガロア群の研究を進めた時、ガロアの頭の中には、これから説明する形でガロア群が浮かんでいたのだ。ぜひじっくり味わっていただきたい。

■ガロア流のガロア群

方程式 (4.6): $x^3-3x+1=0$ のガロア群 (4.12) は、3個の置換:

$$\begin{pmatrix} abc \\ abc \end{pmatrix}, \begin{pmatrix} abc \\ bca \end{pmatrix}, \begin{pmatrix} abc \\ cab \end{pmatrix}$$

の集まりだった。これをガロアの使った記号で書くと、次のとおりとなる:

$$\begin{bmatrix} a & b & c \\ b & c & a \\ c & a & b \end{bmatrix} \quad (4.13)$$

(4.13) には、a、b、c の3個の順列、abc と bca、cab が縦に並べて書いてある。(4.13) は、それらをまとめて表している。ガロア自身は [ ] を使っていないが、わかりやすくするためにこの本では [ ] でくくることにする。[ ] は、第2章で説明した置換を表す記号 ( ) に似ているが、実際、以下で説明するとおり、[ ] は ( ) を一般化したものと考えることができる。

実は、(4.13) は3個の a、b、c の置換をまとめて表している。それらは:

(第1行→第1行): $\begin{pmatrix} a & b & c \\ a & b & c \end{pmatrix}$ =恒等置換 I

(第1行→第2行): $\begin{pmatrix} a & b & c \\ b & c & a \end{pmatrix}$ =(abc)

第4章　ガロア理論事始め

$$(\text{第1行} \to \text{第3行}): \begin{pmatrix} a & b & c \\ c & a & b \end{pmatrix} = (acb)$$

である。第1行の順列に作用させると、3つの順列になるような置換である。

ところで、上では、第1行から始めたが、第2行から始めても、同じ3個の置換になる：

$$(\text{第2行} \to \text{第1行}): \begin{pmatrix} b & c & a \\ a & b & c \end{pmatrix} = (acb)$$

$$(\text{第2行} \to \text{第2行}): \begin{pmatrix} b & c & a \\ b & c & a \end{pmatrix} = \text{恒等置換}\ I$$

$$(\text{第2行} \to \text{第3行}): \begin{pmatrix} b & c & a \\ c & a & b \end{pmatrix} = (abc)$$

さらに、第3行から始めても同じになる。実際：

$$(\text{第3行} \to \text{第1行}): \begin{pmatrix} c & a & b \\ a & b & c \end{pmatrix} = (abc)$$

$$(\text{第3行} \to \text{第2行}): \begin{pmatrix} c & a & b \\ b & c & a \end{pmatrix} = (acb)$$

$$(\text{第3行} \to \text{第3行}): \begin{pmatrix} c & a & b \\ c & a & b \end{pmatrix} = \text{恒等置換}\ I$$

狐につままれた気がしないだろうか？　実は、ここが、ガロアの考えた「群」のポイントなのだ。

なお、ここで考えたような**順列に作用する文字の置換を、以下で単に「順列の置換」**と呼ぶことがある。

■ガロア流の群とは

 群という言葉は、ガロアの研究の中で初めて登場した。今でこそ「ガロア群」と呼ばれるが、発明者のガロア自身が自分の名前をつけたのではない。だいたい、彼の研究は生前は広くは理解されなかった。なにせ彼は、20歳そこそこでわけのわからない決闘に巻き込まれて命を落としたのだから。

 彼は「方程式の解の順列の集まり」の意味で「群」という言葉を使った。でも、方程式の解の順列のどんな集まりでも群と呼んだかというと、そうではない。彼は、方程式の解の順列の集まりで以下の性質を持つものだけを、群と呼んだ：

> **1つの順列からそれぞれの順列に移る置換の集まりが、どの順列から始めても同じになる。** (4.14)

先ほど確かめたのは、

$$\begin{bmatrix} a & b & c \\ b & c & a \\ c & a & b \end{bmatrix}$$

の1つの順列からそれぞれの順列に移る置換の集まりが、始まりの順列が第1行目でも、第2行目でも、第3行目でも、みんな同じ3つの置換：

$$\begin{pmatrix} a & b & c \\ a & b & c \end{pmatrix} = 恒等置換\, I, \quad \begin{pmatrix} a & b & c \\ b & c & a \end{pmatrix} = (abc), \quad \begin{pmatrix} a & b & c \\ c & a & b \end{pmatrix} = (acb)$$

の集まりになることだった。これは (4.14) が成り立つことを意味するから、記号 (4.13):

$$\begin{bmatrix} a & b & c \\ b & c & a \\ c & a & b \end{bmatrix}$$

は、確かにガロアの言う意味で群を表していることになる。

■わかったガロア群をガロア流で書いてみる

さて、これまでに出てきた他の方程式のガロア群も、ガロア流で書いてみよう。

1次方程式 (4.2): $x+p=0$ のガロア群をガロア流で書くと

$$[a]$$

となる。ただし、$a=-p$ である。

2次方程式 (4.3): $x^2+3x+1=0$ のガロア群は、ガロア流では次のとおり

$$\begin{bmatrix} a & b \\ b & a \end{bmatrix} \qquad (4.15)$$

となる。

そして、2次方程式 (4.4): $x^2+3x-4=(x+4)(x-1)=0$ のガロア群は、ガロア流では次のとおり

$$[a \quad b] \quad (4.16)$$

となる。

　方程式 (4.3) のガロア群 (4.15) は 2 行だったのに、(4.16) は 1 行である。これは、それぞれの方程式のガロア群に含まれる置換が、それぞれ 2 個と 1 個であることに対応している。つまり、ガロア流のガロア群に含まれる順列の数は、ガロア群に含まれる置換の数（これは、ガロア群の位数と呼ばれる）に等しい。

■(4.14) の意味

　(4.14) の条件は、順列の置換の集まりが積について閉じていることを意味している。第 2 章の言葉を使うと、順列の置換の集まりが置換群になることを意味している。

　逆に、置換群すなわち置換の集まり（A としよう）で積について閉じているものがあると、以下のとおり、(4.14) の条件を満たす順列の組を作ることができる。

　これらの置換が n 個のものの置換だとして、それらを、$a, b, \cdots, c$ とする。このとき、順列 $ab \cdots c$ の下に、A に属する置換を順列 $ab \cdots c$ を作用させた結果を並べればよいのである。

　また、条件 (4.14) が成り立つ時、順列の置換の集まりには、次の置換が必ず含まれている。

- **恒等置換**：ある順列から自分自身へ移る置換
- **集まりに含まれる置換の逆置換**：考えている置換が順列 A を順列 B に移す置換なら、順列 B を順列 A に移す

第4章 ガロア理論事始め

置換

後者が、前者の逆置換である。置換とその逆置換の積は恒等置換になる。

これらの置換は、置換群には必ず存在することがわかるが、以上の点については、8.2節でもう少し詳しく説明する。

4.8 ガロア流ガロア群の作り方

4.1節の終わり（92ページ）でも説明したとおり、ガロアは方程式から直接ガロア群を作り、そこに入る置換が4.5節の性質を持つことを示した。ここで、ガロアの作り方を、2次方程式 (4.3)：$x^2+3x+1=0$ の場合を例に説明しよう。なお、以下の内容は第5章以降を読むためには必要ではないので、飛ばして先に進んでも困らない。しかし、実はこの中にガロアの発見のうちの最も重要な部分の1つが含まれている。本節の最後にそのことに触れる。

■2次方程式のガロア流ガロア群のレシピ

以下では、2次方程式 $x^2+3x+1=0$ の解を a、b と書くことにする。解と係数の関係から、$a+b=-3$、$ab=1$ だから、b を a の有理式で次のとおり表すことができる：

$$b=-a-3$$

また、$b=\dfrac{1}{a}$ とも表すことができる。この2式は、$a^2+3a+1=0$ より、$\dfrac{1}{a}=-a-3$ という関係がわかるので、

113

もちろん同じものだ。

ステップ1

さて、ガロア流ガロア群のレシピの第1ステップは、方程式の解の有理式 $V(a,b)$[6] で、逆に方程式の解 a、b を V の有理式で表すことができる式を見つけることである。

いまの場合、$V(a,b)=a$ がこの性質を持つ。$a=V$ だし、$b=-a-3$ だったから、$b=-V-3$ と書けるからだ。

このような $V(a,b)$ は、**ガロア・リゾルベント**（分解式）と呼ばれる。

どのような方程式に対しても、ガロア・リゾルベントは必ず見つけることができる。それどころか、一般の方程式の解を $a,b,\cdots,c$ と表す時、V として、方程式の解 $a,b,\cdots,c$ の1次式、つまり

$$V(a,b,\cdots,c)=pa+qb+\cdots+rc$$

の形の式が「無数に」存在することが、ガロアによって示されている。ただし、$p,q,\cdots,r$ は有理数を表している。この時 $V(a,b,\cdots,c)$ に $a,b,\cdots,c$ の置換を作用させると、値は全て異なる。

さて、a を V で表す式を $\Psi_a(V)$、b を V で表す式を $\Psi_b(V)$ と書くことにしよう。いまの場合、$\Psi_a(V)=V$、$\Psi_b(V)=-V-3$ となる。記号はいかめしいが、表す中身はそれほどでもない。

---

[6] 以下では係数が有理数の式だけを考える。

第 4 章　ガロア理論事始め

ステップ 2

　第 2 ステップでは、ガロア・リゾルベント V の値を代入すると値が 0 となる多項式のうち、次数が最も小さいものを探す。V は方程式の解の有理式だから、解を代入した値を考えることができるのだ。なお、ここでは方程式の係数は有理数とする。一般にこのような多項式は V の最小多項式と呼ばれる。

　いまは $V=a$ で、a は方程式 $x^2+3x+1=0$ の解だから、V の値を解に持つ例として $x^2+3x+1=0$ がある。実は、この左辺が V の値の最小多項式である。これより次数が小さい方程式は 1 次方程式だから、V の値がその解であるとすると、係数が有理数であることから $V=a$ も有理数になってしまうからだ。方程式（4.3）の解は有理数でなかったから、矛盾が導かれる。

　この例の場合、たまたまもとの方程式の左辺と同じになったが、一般の方程式の場合は、V の最小多項式は、もとの方程式とは似ても似つかないものになる可能性がある。

ステップ 3

　第 3 ステップでは、（V の最小多項式）＝0 の解を全て求める。いまの場合、$x^2+3x+1=0$ を解くことに他ならないから、解は、a と b である。ここでも、一般の方程式の場合は、もとの方程式の解とは似ても似つかないものになる可能性がある。

ステップ 4

　いよいよ、第 4 ステップ、最終ステップである。ここで

は、次の配列を考える：

$$\begin{bmatrix} \Psi_a(a) & \Psi_b(a) \\ \Psi_a(b) & \Psi_b(b) \end{bmatrix}$$

ただし、$\Psi_a(V)=V$、$\Psi_b(V)=-V-3$ である。V に a あるいは b を代入し、解と係数の関係 $a+b=-3$ を使って計算すると：

$$\begin{bmatrix} \Psi_a(a) & \Psi_b(a) \\ \Psi_a(b) & \Psi_b(b) \end{bmatrix} = \begin{bmatrix} a & -a-3 \\ b & -b-3 \end{bmatrix} = \begin{bmatrix} a & b \\ b & a \end{bmatrix}$$

となり、上の配列は、(4.15) に他ならないことがわかる。

ガロアは、このようにして、方程式 (4.3)：$x^2+3x+1=0$ のガロア群 (4.15) を求めたのだ。

■一般の場合

ガロアが示した一般の方程式の場合の話をしても雲をつかむようだが、ざっと説明しておこう。

方程式が n 次だとすると、解は n 個ある。これらを、$a, b, \cdots, c$ と書くことにしよう。

ステップ1に登場するガロア・リゾルベント $V(a, b, \cdots, c)$ は、n 個の解 $a, b, \cdots, c$ の置換を作用させると値が全て異なる。このような置換は $n!$（n の階乗、$= n(n-1)(n-2)\cdots\cdots 2\cdot 1$）個ある。これらの $n!$ 個の全て異なる値を $V_1, V_2, \cdots, V_m$（ただし $m=n!$）と書くことにする。V_1 がもともとの V の値である。

ステップ2で V の最小多項式を作るには、まず、次の式を考える：

$$P(x) = (x - V_1)(x - V_2) \cdots (x - V_m)$$

この $P(x)$ を展開した時、その係数は n 個の解 $a, b, \cdots, c$ の対称式となることがわかる。したがって、対称式の基本定理から、$P(x)$ の係数は有理数になる。次に、$P(x)$ を有理数の範囲でできるところまで因数分解し、そのうち、$x = V_1$ が解になる因数を $Q(x)$ と書くことにすると、$Q(x)$ がステップ 2 で求める V_1 の最小多項式である。方程式（4.3）の例では、もとの方程式の左辺と $P(x)$ も $Q(x)$ も同じになった。

$Q(x) = 0$ には、$x = V_1$ 以外にも解がある。それを求めるのがステップ 3 だ。しかし、$Q(x)$ は、$P(x)$ の因数だから、それらは全て $P(x) = 0$ の解でもある。そこで必要なら $P(x)$ の解の番号を付け替えて、$Q(x) = 0$ の解は $V_1 = V, V_2, \cdots, V_k$ であるとすると、ステップ 4 で、図のとおり、V_1 を $Q(x) = 0$ の他の解に移して並べたものが、ガロア流の方程式のガロア群なのだ。

$$\begin{bmatrix} a = \Psi_a(V_1) & b = \Psi_b(V_1) & \cdots & c = \Psi_c(V_1) \\ \Psi_a(V_2) & \Psi_b(V_2) & \cdots & \Psi_c(V_2) \\ \vdots & \vdots & \ddots & \vdots \\ \Psi_a(V_k) & \Psi_b(V_k) & \cdots & \Psi_c(V_k) \end{bmatrix} \quad (4.17)$$

もちろん、このステップ 4 で作った配列（4.17）がガロア群であることを示すには、以下の（A）〜（C）の事柄を確認しなくてはならない。そして、ガロアはこれらが「イエス」であることを示したのだ：

> (A) 各行（横の並び）は方程式の解 $a, b, \cdots, c$ の順列になっているか？すなわち $a, b, \cdots, c$ が全て1回ずつ登場しているか？
> (B) 行の間の置換の集まりが、ガロア流の群の性質 (4.14) を持つか？（これは4.7節でも触れたとおり、4.5節のガロア群の定義のうちの積で閉じているという条件と同じである。詳しくは8.2.2で説明する）
> (C) 行の間の置換の集まりが、4.5節のガロア群の定義の性質①と②を持つか？
>
> (4.18)

■ガロアの発見の核心

以上の作り方のうち、ステップ2から後ろは、アーベルも用いた議論である。アーベルは以下が成り立つ方程式を考えた：

> 方程式の解 $a, b, \cdots, c$ の全てが、<u>ある1つの解</u>、例えば a の有理式で表される。
>
> (4.19)

(4.19) が成り立つ方程式に対して、ステップ2以降の議論で (4.17) に対応する置換の集まりを考えると、それに対しては、(4.18) の囲みの中の問いは全てイエスであり、

第4章 ガロア理論事始め

特に方程式の解 $a, b, \cdots, c$ の有理式に対して：

| (4.17) に対応する置換の集まりに入る全ての解の置換を作用させても値が変化しない | 同値 ⇔ | その式の値は、有理数（＝方程式の係数の四則演算で計算される数） | (4.20) |

が成り立つことがわかる。

(4.20) がアーベルの条件 (4.19) を満たす方程式だけでなく、全ての方程式に対して成立すれば、本章の4.1節で説明した方程式の解の有理式で、値が有理数になるものを全て知るという希望が現実のものになる。そこでガロアは、同様の議論が成立するアーベルの条件 (4.19) に代わる、全ての方程式に対して成り立つ条件はないだろうかと考えた。そして、次の条件 (4.21) で置き換えて議論しても (4.20) が成立することを発見した：

| 方程式の解 $a, b, \cdots, c$ の全てが、方程式の解のある1つの有理式（$V(a, b, \cdots, c)$ としよう）の有理式で表される。 | (4.21) |

(4.19) の式 a も、方程式の解の有理式の1つだから、(4.21) は、(4.19) の一般化になっている。そして (4.21) の V が、ガロア・リゾルベントに他ならない。

後は、問題にする全ての方程式に対してガロア・リゾル

ベントを見つければよい。しかし、$V(a, b, \cdots, c)$ が、n 個の解 $a, b, \cdots, c$ の置換を作用させると値が全て異なるような有理式なら、4.1節で少しだけ触れたラグランジュの結果（本章の脚注1参照）から、方程式の解 $a, b, \cdots, c$ の全てが V の有理式で表されることが結論される[7]ことは、ガロアにはわかっていた。したがって、そのような性質を持つ解 $a, b, \cdots, c$ の有理式 $V(a, b, \cdots, c)$ を、どのような方程式に対しても作ることに成功した点が、ガロアの発見の核心と言える。しかも、ステップ1で説明したとおり V は1次式でよいのだ。

■ガロアの発見のもう1つの核心

ガロアの発見には、他にも重要な核心がある。それは、そもそもの問題である「方程式が代数的に解けるための条件」に関わることである。

ここでも、アーベルに先例がある。アーベルは、(4.17) に対応する置換の集まりが可換（2.3節参照）であることを仮定すれば、方程式が代数的に解けることが結論されることを示した（これが、可換な群[8]が、アーベル群とも呼ばれる理由である）。もちろん、(4.19) を満たす方程式に限っての話である。

そこで、(4.19) を (4.21) に一般化したガロアも、方程式のガロア群について方程式が代数的に解けることが結論されるとてもよい性質を発見することに成功した。アー

---

[7] 解 $a, b, \cdots, c$ の置換で、そのような V を式として変化させない置換は恒等置換 I だけであり、式 $a, b, \cdots, c$ に恒等置換 I を作用させてももちろん変化しないからである。

[8] なお、現在の群の定義については第8章で説明する。

ベル群はこの性質を持つので、ここでもガロアの条件はアーベルの条件の一般化である。

　この、ガロア群のよい性質とは何かが、次章からの主題である。

第5章 ガロア群の正規部分群

　この章では、前章に引き続き3次方程式のガロア群を調べる。前章ではギリシャの3大作図不可能問題のうち、角の3等分問題で登場する方程式を調べた。本章ではもう1つ、立方体倍積問題で登場する方程式を調べる。この2つの方程式のガロア群の違いは、「正規部分群」の有無である。

　正規部分群もガロアの発見である。それは、ガロア群に含まれる置換のうちの一部の置換の集まりで、この正規部分群こそが方程式が代数的に解けるかどうかの鍵を握っていることをガロアは見出した。

5.1　3次方程式のガロア群（2）：立方体倍積のガロア理論

　角の3等分と並ぶ、3大作図不可能問題の1つ、立方体倍積問題は、次の3次方程式

$$x^3 - 2 = 0 \qquad (5.1)$$

を解くことに帰着される。この方程式 (5.1) は、1の3

第5章 ガロア群の正規部分群

乗根を $\omega = \dfrac{-1 \pm \sqrt{3}\,i}{2}$ として、$\sqrt[3]{2}$、$\sqrt[3]{2}\,\omega$、$\sqrt[3]{2}\,\omega^2$ の異なる3個の解を持っている。ただし、ω の複号は、どちらか1つ、読者が好きな方を選ぶこととする。また、i は虚数単位を表す。この立方根が、(目盛りのない) 定規とコンパスだけでは作図できないのである。

この3個の解を、$a = \sqrt[3]{2}$、$b = \sqrt[3]{2}\,\omega$、$c = \sqrt[3]{2}\,\omega^2$ と表すと、方程式 (5.1) のガロア群に入る置換は、3次対称群 S_3 を形成する以下の6個の置換のうちのいくつか、ということになる:

$$\begin{pmatrix} abc \\ abc \end{pmatrix},\ \begin{pmatrix} abc \\ bac \end{pmatrix},\ \begin{pmatrix} abc \\ acb \end{pmatrix},\ \begin{pmatrix} abc \\ cba \end{pmatrix},\ \begin{pmatrix} abc \\ bca \end{pmatrix},\ \begin{pmatrix} abc \\ cab \end{pmatrix} \quad (5.2)$$

このうち、どの置換が方程式 (5.1) のガロア群に入るのだろうか。

■**方程式 (5.1) のガロア群を求める**

まず、これまでと同様、方程式 (5.1) の差積を計算してみよう。2次の項がない3次方程式 $x^3 + px + q = 0$ の差積は、

$$(a-b)(b-c)(c-a) = \pm\sqrt{-4p^3 - 27q^2}$$

で計算されることを第3章で説明した。方程式 (5.1) の場合、$p = 0$、$q = -2$ だから、

$$差積 = \pm\sqrt{-4p^3 - 27q^2} = \pm\sqrt{-27(-2)^2} = \pm 6\sqrt{3}\,i$$

となる。これは有理数ではないから、ガロア群には差積の

値を変える置換が入っているはずである。第3章で調べたとおり、偶置換では差積の値は変化せず、差積の値を変化させるのは奇置換だ。(5.2)の6個の置換のうち、奇置換は次の3個だ：

$$\begin{pmatrix} abc \\ bac \end{pmatrix} = (ab), \quad \begin{pmatrix} abc \\ cba \end{pmatrix} = (ac), \quad \begin{pmatrix} abc \\ acb \end{pmatrix} = (bc)$$

ガロア群には、上の3個のうちの、どれかが入っているはずである。注意してほしいが、差積を計算しただけでは、「どれか」が入っていることまでしかわからず、「どれ」が入っているかはわからない。また、他の置換も含まれているかもしれない。

■積で閉じている置換の集まりを探す

次は、奇置換のうちどれが入っているかを調べていく。それには、他の解の式にこれらの置換を作用させればよい。しかしやってみると、上手い式を見つけるのは簡単ではないことがわかる。

そこで、別の方向から攻めよう。

それは、ガロア群の定義（4.5節）では、まず「置換の積で閉じているもの」となっていることを使うのだ。つまり、(5.2)の一部の置換の集まりのうち積で閉じている集まりを調べ上げ、その中でガロア群の定義（4.5節の①と②：106ページ）を満たすものを突き止めるのである。

まず、積で閉じている集まりを調べ上げると、以下のとおり $A \sim F$ の6個の集まりがあることがわかる。調べるのは、そんなに難しくない。

第5章 ガロア群の正規部分群

$A =$ 6個の置換全部：すなわち（第2章で説明した3次対称群）S_3 全体。

$B = \left\{ I, \begin{pmatrix} abc \\ bca \end{pmatrix}, \begin{pmatrix} abc \\ cab \end{pmatrix} \right\}$：これは2.3節で説明した3次巡回群 C_3 である。

$C = \left\{ I, \begin{pmatrix} abc \\ bac \end{pmatrix} \right\}$：$a$ と b を2回続けて入れ替えるともとに戻る。つまり $\begin{pmatrix} abc \\ bac \end{pmatrix} \begin{pmatrix} abc \\ bac \end{pmatrix} = I$ だから、この2つの置換の集まりも積について閉じている。なお、$\begin{pmatrix} abc \\ bac \end{pmatrix}$ と I 以外の置換が含まれると、結局、全ての置換が含まれ[1]、A になることがわかる。

$D = \left\{ I, \begin{pmatrix} abc \\ acb \end{pmatrix} \right\}$：$C$ と同様にして積について閉じていることがわかる。なお C と同様、$\begin{pmatrix} abc \\ acb \end{pmatrix}$ と I 以外の置換が含まれると、結局、全ての置換が含まれ[1]、A になることもわかる。

$E = \left\{ I, \begin{pmatrix} abc \\ cba \end{pmatrix} \right\}$：$C$ と同様にして積について閉じて

---

[1] 例えば、(ab) の他に、(bc) が含まれると、$(ab)(bc) = (acb)$、$(acb)(acb) = (abc)$、$(ab)(abc) = (ac)$ となり、全ての置換が含まれる。(ac) が含まれる場合も同様にして全ての置換が含まれることがわかる。また、(ab) の他に (abc) が含まれると、$(ab)(abc) = (ac)$、また、$(abc)^2 = (acb)$ から、$(ab)(acb) = (bc)$ となり、全ての置換が含まれる。(acb) が含まれる場合も同様にして全ての置換が含まれることがわかる。D や E についても同様である。

いることがわかる。なお、C と同様、$\begin{pmatrix} abc \\ cba \end{pmatrix}$ と I 以外の置換が含まれると、結局、全ての置換が含まれ[1]、A になることもわかる。

$F=\{I\}$（恒等置換のみ）：何回掛け合わせても何も入れ替えないことになるから積について閉じている。

■改めてガロア群を調べる

方程式 (5.1)：$x^3-2=0$ のガロア群は、上記の A〜F のどれかだ。実際に、どれかを、順に調べよう：

・まず、この節の最初に方程式 (5.1) の差積の値を計算した結果、有理数でなかったことから、方程式 (5.1) のガロア群には、奇置換 $\begin{pmatrix} abc \\ bac \end{pmatrix}=(ab)$、$\begin{pmatrix} abc \\ cba \end{pmatrix}=(ac)$、$\begin{pmatrix} abc \\ acb \end{pmatrix}=(bc)$ のどれかが入っているはずなのだった。したがって、ガロア群が $B=\left\{I, \begin{pmatrix} abc \\ bca \end{pmatrix}, \begin{pmatrix} abc \\ cab \end{pmatrix}\right\}$ や、$F=\{I\}$（恒等置換のみ）ということはないことがわかる。

・では、方程式 (5.1) のガロア群が $C=\left\{I, \begin{pmatrix} abc \\ bac \end{pmatrix}\right\}$ だと仮定しよう。ここで式 $a+b$ を考えると、これに I を作用させても、$\begin{pmatrix} abc \\ bac \end{pmatrix}$ を作用させても変化

> しない。したがって、ガロア群の定義（4.5節）から、この時、$a+b$の値は有理数となる。しかし、解と係数の関係から $a+b=-c$ で、解 c は有理数ではないから矛盾に到達した。したがって、方程式（5.1）のガロア群が C ということもない。
> - 同様に、方程式（5.1）のガロア群が D ということも、E ということもない。
> - 以上から方程式（5.1）のガロア群は $B \sim F$ ではないことがわかったが、すると、A しか残っていない。つまり、方程式（5.1）のガロア群は S_3 である。

ということで、方程式（5.1）のガロア群は3次対称群 S_3 全体

$$\left\{ \begin{pmatrix} abc \\ abc \end{pmatrix}, \begin{pmatrix} abc \\ bac \end{pmatrix}, \begin{pmatrix} abc \\ acb \end{pmatrix}, \begin{pmatrix} abc \\ cba \end{pmatrix}, \begin{pmatrix} abc \\ bca \end{pmatrix}, \begin{pmatrix} abc \\ cab \end{pmatrix} \right\} \quad (5.3)$$

であることがわかった。

5.2 ガロアの大発明：正規部分群

方程式（5.1）：$x^3-2=0$ のガロア群（5.3）には、どんな特徴があるだろうか。

まず、3次方程式のガロア群の中で、最も大きいものである。そして、A は「自明でない**正規部分群**」を持つことが、他の $B \sim F$ とは異なる大きな特徴だ。この節では、この「自明でない正規部分群」の意味を説明しよう。

■自明でない部分群とは

「自明でない正規部分群」とは、「自明でない部分群」のうち、「正規部分群」となるもののことだ。そこで、まず、「自明でない部分群」の意味を説明しよう。

「部分群」の意味は、第2章で説明した。それは、Aに含まれる一部の置換の集まりで、それだけで置換の積について閉じた集まりのことだ。Aは3次対称群なので、その部分群が「置換群」と呼ばれることも第2章で説明した。

Aは全体なので「部分」群と呼ぶのは変だが、通常、全体であるAもAの部分群に含める。これに対し、B〜Fは、「真」部分群と呼ばれる。また、自分自身Aと恒等置換Iだけからなる部分群Fとは、全体Aの「自明な」部分群と呼ばれる。これに対し他のB〜Eは「自明でない」部分群と呼ばれる。

■ガロア流で行こう

「正規部分群」とは、いま説明した「部分群」のうち、これから説明する性質を持つもののことだ。この「正規」という性質を、まずガロア流で説明する。これは、現在の数学の本に書いてある「正規部分群」の定義と内容は同等だが、見かけはかなり異なっている。しかし、「正規」という性質はガロアによってはじめて認識されたものなのだから、ガロアが「正規」という性質をどのようにとらえていたかを直接知ることは意味のあることだろう。源流をたどってみるのだ。現在の定義はその後で固まってきた。現在の定義については、第8章で説明する。

第5章　ガロア群の正規部分群

■ガロア群をガロア流で表す

まず、方程式（5.1）：$x^3-2=0$ のガロア群（5.3）をガロア流で表すと（5.4）のとおりである。この群は、第2章で説明したとおり「3次対称群」と呼ばれ、S_3 という記号で表される。

$$\begin{bmatrix} a & b & c \\ b & c & a \\ c & a & b \\ a & c & b \\ c & b & a \\ b & a & c \end{bmatrix} \quad (5.4)$$

ただし、（5.4）で、$a=\sqrt[3]{2}$、$b=\sqrt[3]{2}\,\omega$、$c=\sqrt[3]{2}\,\omega^2$ である。実際には、a、b、c を方程式（5.1）の3個の解のどれに対応させてもガロア群は同じである。

まず、（5.4）が、ガロアの意味で群を表していることを確かめよう。つまり、（4.14）の条件「それぞれの順列に移る置換の集まりが、どの順列から始めても同じ」を確かめる。しかし、そのことは、（5.4）に、a、b、c の異なる全ての順列が並んでいることからわかる。（5.4）の、ある1つの行から各行への置換の集まりは、始まりがどの行でも S_3 になり、確かに、（4.14）の条件を満たしている。

■ガロア流の部分群とは

次に、部分群をガロアはどのように考えたのか説明しよう。S_3 の部分群の例として、ここでは、$B=\left\{I, \begin{pmatrix} abc \\ bca \end{pmatrix},\right.$

$\begin{pmatrix} abc \\ cab \end{pmatrix}\Big\}$ をとりあげて説明する。この集まりは、第2章で説明した言葉を使うと3次巡回群 C_3 である。

この部分群 B を、ガロア流では (5.5) のとおり書き表す：

$$\begin{bmatrix} a & b & c \\ b & c & a \\ c & a & b \end{bmatrix}$$
$$\begin{bmatrix} a & c & b \\ c & b & a \\ b & a & c \end{bmatrix}$$
(5.5)

この分け方がポイントだ。

ここで、分けられた順列の上の組 $\begin{bmatrix} a & b & c \\ b & c & a \\ c & a & b \end{bmatrix}$ および下の組 $\begin{bmatrix} a & c & b \\ c & b & a \\ b & a & c \end{bmatrix}$ をそれぞれ眺めると以下のことがわかる。

(a) それぞれ「群」になっている、つまり (4.14) の性質「それぞれの順列に移る置換の集まりが、どの順列から始めても同じ」を持っている。さらに；

(b) それぞれの組の順列の置換の全体は、両方の組について同じで、それが $B=\left\{I, \begin{pmatrix} abc \\ bca \end{pmatrix}, \begin{pmatrix} abc \\ cab \end{pmatrix}\right\}$ に他ならない；

ことがわかる。詳しいチェックは、コラム (5.1) にまとめるので、確認してほしい。

この 2 つの性質を満たすような分け方が、ガロア流の部分群だ。すなわち：

> **ガロア流の部分群の定義 (5.6)**
> ある群の順列が、いくつかの<u>同じ個数の</u>順列の組に分かち書きされ、分けられた組が以下の 2 つの性質 (a)、(b) を持つ時、その順列の組の分かち書きは、もとの群の「**部分群**」と呼ばれる：
>
> (a) 分かれたそれぞれの組が群になっている、つまり (4.14) の性質「それぞれの順列に移る置換の集まりが、どの順列から始めても同じ」を持っている；
> (b) 各組の順列の置換の集まりが、分かれた全ての組で共通になる。

(a) と (b) の条件があると、ある順列から同じ組の中の順列に移る置換の集まりは、どの順列から始めても同じものになる。それはもとのガロア群の順列の置換の集まりの、置換群としての部分群 (2.3 節で説明した) になる。

■正規部分群とは

いよいよ「**正規**」**部分群**とは何か説明する時がきた。これは、ガロアの世紀の大発明である。しっかり理解してほ

しい。

ここでも、ガロア流で (5.4) の部分群を表す順列の分かち書き：

$$\begin{bmatrix} a & b & c \\ b & c & a \\ c & a & b \end{bmatrix}$$
$$\begin{bmatrix} a & c & b \\ c & b & a \\ b & a & c \end{bmatrix} \quad (5.5)$$

を考える。

ここで、上の組の第1行目の順列 abc を下の組の第1行目の順列 acb に移す置換に注目する。それは $\begin{pmatrix} abc \\ acb \end{pmatrix} = (bc)$（$=b$ と c の互換）だ。上の組の第1行目の順列に置換 (bc) を作用させると、当然、下の組の第1行目になる。

この置換 (bc) を上の組の第2行目の順列 bca に作用させると cba となる。おやっ、これは、下の組の第2行目の順列だ。また、同じ置換 (bc) を上の組の第3行目の順列 cab に作用させると bac となる。今度は、これは、下の組の第3行目だ。

つまり、上の組の3個の順列それぞれに置換 (bc) を作用させると、下の組の順列が3個とも得られたのだ[2]。

---

[2] ここで考えている (5.5) の例では、組の中での順番も対応していたが、これは必須ではない。だいたい、順不同でも、順列を並びかえれば、順番も対応するようにできるからである。

第 5 章　ガロア群の正規部分群

コラム(5.1) (5.5) に対して, 性質 (a), (b) を確かめる

(5.5) の上の組, 下の組のそれぞれに対して, 行の間の置換を調べると, 以下のとおりである：

上の組
$\begin{bmatrix} a\ b\ c \\ b\ c\ a \\ c\ a\ b \end{bmatrix}$

	1行目へ	2行目へ	3行目へ	順列の置換の集まり
1行目から	恒等置換 I	$\begin{pmatrix} a\ b\ c \\ b\ c\ a \end{pmatrix}=(abc)$	$\begin{pmatrix} a\ b\ c \\ c\ a\ b \end{pmatrix}=(acb)$	$\{I,(abc),(acb)\}$
2行目から	$\begin{pmatrix} b\ c\ a \\ a\ b\ c \end{pmatrix}=(bac)=(acb)$	恒等置換 I	$\begin{pmatrix} b\ c\ a \\ c\ a\ b \end{pmatrix}=(bca)=(abc)$	$\{I,(abc),(acb)\}$
3行目から	$\begin{pmatrix} c\ a\ b \\ a\ b\ c \end{pmatrix}=(cab)=(abc)$	$\begin{pmatrix} c\ a\ b \\ b\ c\ a \end{pmatrix}=(cba)=(acb)$	恒等置換 I	$\{I,(abc),(acb)\}$

下の組
$\begin{bmatrix} a\ c\ b \\ c\ b\ a \\ b\ a\ c \end{bmatrix}$

	1行目へ	2行目へ	3行目へ	順列の置換の集まり
1行目から	恒等置換 I	$\begin{pmatrix} a\ c\ b \\ c\ b\ a \end{pmatrix}=(acb)$	$\begin{pmatrix} a\ c\ b \\ b\ a\ c \end{pmatrix}=(abc)$	$\{I,(abc),(acb)\}$
2行目から	$\begin{pmatrix} c\ b\ a \\ a\ c\ b \end{pmatrix}=(cab)=(abc)$	恒等置換 I	$\begin{pmatrix} c\ b\ a \\ b\ a\ c \end{pmatrix}=(cba)=(acb)$	$\{I,(abc),(acb)\}$
3行目から	$\begin{pmatrix} b\ a\ c \\ a\ c\ b \end{pmatrix}=(bac)=(acb)$	$\begin{pmatrix} b\ a\ c \\ c\ b\ a \end{pmatrix}=(bca)=(abc)$	恒等置換 I	$\{I,(abc),(acb)\}$

（吹き出し）全て同じ集まりなので、上の組は群を表す → 性質 (a)

（吹き出し）上の組と下の組で同じ！→ 性質 (b)

（吹き出し）全て同じ集まりなので、下の組も群を表す → 性質 (a)

133

これこそが、ガロアが考えた「正規」という性質である。つまり、下図のとおり部分群を表す分割の上の組のそれぞれの順列に、ある同じ置換を作用させると、下の組の全ての順列が得られるという性質が、それだ。

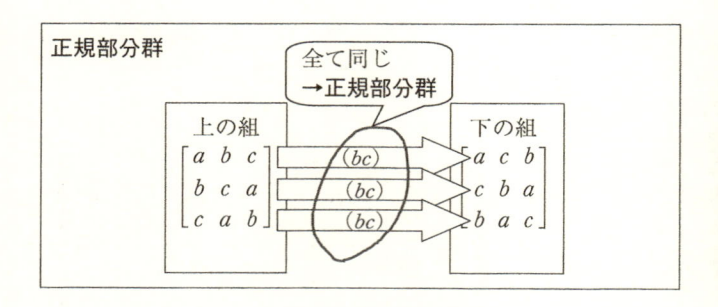

```
正規部分群
                  全て同じ
                  →正規部分群
     上の組                    下の組
   ⎡ a b c ⎤      (bc)       ⎡ a c b ⎤
   ⎢ b c a ⎥      (bc)       ⎢ c b a ⎥
   ⎣ c a b ⎦      (bc)       ⎣ b a c ⎦
```

なお、この場合、同じ置換（bc）を作用させることで、下の組から上の組を得ることもできることを注意しておく。これは、一般の場合には、常に成り立つわけではない。

■ガロア流の正規部分群の定義

部分群を表す分割が3個以上の場合も同様だ。つまり：

> **ガロア流の正規部分群の定義（5.7）**
> ある1つの組のそれぞれの順列に、同じ置換を作用させることで、別の各組の全ての順列が得られる時、これを**正規部分群**という。

このとき作用させる置換は、もとの組のいずれかの順列を、行き先のいずれかの順列に移す置換ならどれでも構わ

ない。順列の分割が部分群になる条件（(5.6) の (b)）がここで効いてくる。1 つ注意すると、順列の組が 3 個以上あるときには、ある組から別の組を得ようと思ったら、行き先の組に応じて異なる置換を作用させなくてはならない。

なお、2 つの組に分けるような部分群を表す分割は、必ず正規部分群になる。

■正規部分群と商群

(5.7) の条件は、正規部分群を表すそれぞれの組の順列は、順列を置換で移すという操作に対して、組ごとにひとまとまりになって振る舞うイメージだ。

これから一歩踏み込むと、順列の置換とは正規部分群を表す順列の組それぞれを 1 つのメンバーと思って、それらを置換するものだと考えることもできる。これは、現在では「商群（しょうぐん）」と呼ばれるものを考えていることになる。これも、ガロアによる、数学上の別の大発明だ。

第6章　正規部分群と方程式の代数的解法

　4.6節で説明したとおり、ガロア群が恒等置換だけを含めば解は有理数となるから、解は方程式の係数から四則演算で計算できたことになる。しかし、方程式（4.3）：$x^2+3x+1=0$ や方程式（4.6）：$x^3-3x+1=0$ のガロア群は他の置換も含み、解は有理数とは限らない。そのような場合でも、方程式の係数の他に、方程式の係数の四則演算で表される数のべき根を用いて、それらの四則演算で解を表すことができれば、方程式は代数的に解けたことになる。方程式（4.3）では解の差積がそのようなべき根にあたった。

　より一般の方程式の場合は、べき根を1回作っただけではうまくいかないかもしれないが、それでも、同様の操作で繰り返しべき根を作って、最終的に方程式の解を四則演算で計算できれば、考えている方程式は代数的に解けたことになる。

　ガロアは、方程式のガロア群が、ある性質（6.3節で説明する性質（P））を持つ時には、実際にそのようなことが可能で、各段階で作るべきべき根もわかることを発見した。

第6章 正規部分群と方程式の代数的解法

ここでは、第5章で説明したガロア群の正規部分群が重要な役割を果たす。本章では、このガロアの発見を、方程式 (5.1)：$x^3-2=0$ の場合を例に説明しよう。

ガロアはさらに、方程式が代数的に解ければ、逆にそのガロア群はこの性質（P）を持ってしまうことも発見した。こちらについては次章で説明する。

6.1 ユニット・ガロア理論[1]

ここからが、いよいよ本書の核心である。

第5章で説明したとおり、方程式 (5.1)：$x^3-2=0$ の

ガロア群 (5.4) $\begin{bmatrix} a\,b\,c \\ b\,c\,a \\ c\,a\,b \\ a\,c\,b \\ c\,b\,a \\ b\,a\,c \end{bmatrix}$ には、正規部分群 (5.5) $\begin{bmatrix} a\,b\,c \\ b\,c\,a \\ c\,a\,b \end{bmatrix}$ $\begin{bmatrix} a\,c\,b \\ c\,b\,a \\ b\,a\,c \end{bmatrix}$

がある。ガロアは、この事実から以下を示した：

---

①方程式の係数の四則演算で表される数のべき根（以下、θ）を作り；

②方程式の係数とこのべき根 θ を合わせて考えると、方程式のガロア群が、もとのガロア群の正規部分群の順列の組の1つに変化する。

---

[1] 本書だけの言葉で、本書以外では通用しないので、ご注意。

本書では、この①と②からなるプロセスを「ユニット・ガロア理論」と呼ぶことにする。これは本書だけの用語である。ただし、このままでは②は意味がわからない。後で説明するとおり、ガロア群の定義をより精密にする必要があるのだ。

本節では、この「ユニット・ガロア理論」を説明しよう。

6.1.1 正規部分群を利用してべき根を作る

べき根 θ は、正規部分群（5.5）が2つの順列の組に分かれることに注目して

$$\theta = \alpha + (-1)\beta \qquad (6.1)$$

という数を作る。ただし、

$$\alpha = (\text{解の差積}) = (a-b)(b-c)(c-a),$$
$$\beta = (\alpha \text{に置換}(bc)\text{を作用させたもの})$$
$$= (a-c)(c-b)(b-a)$$
$$= -(a-b)(b-c)(c-a) = -\alpha$$

であるから、実は $\theta = 2\alpha$ である。

■ θ のルーツ

β の正体をひとまず忘れると $\theta = \alpha - \beta$ なのだが、これまでにどこかで似たものを見なかっただろうか？

α の正体も忘れて α と β を解に持つ2次方程式

$$x^2 + px + q = (x-\alpha)(x-\beta) = 0$$

第6章　正規部分群と方程式の代数的解法

を考えると、$\theta = \alpha - \beta$ は解の差積だ。差積は、確かに方程式の係数の四則演算で計算される数 $p^2 - 4q$ の平方根、すなわちべき根である。

　しかし、いま考えているのは2次方程式ではなく、3次方程式である。関係あるような、ないような。実は、関係おおありなのだ。θ はまさしく、2次方程式の差積をガロアが進化させたものなのだ。

　そのことは、2次方程式のガロア群に注目するとわかる。第4章で説明したとおり、2次方程式の解を表すのに平方根が必要になるのは、ガロア群が恒等置換 I だけでなく解の互換 $(\alpha\beta)$ も含む時だった。ここで、$(\alpha\beta)^2 = I$ である。そして、α に互換 $(\alpha\beta)$ を作用させると β になる。

　これはまさしく、いま考えている3次方程式の場合の互換 (bc) と、$\alpha = (解の差積) = (a-b)(b-c)(c-a)$ の関係と、次の点で同じである。つまり、$(bc)^2 = I$ で、α に (bc) を作用させると β になる。実際は、β と呼ぶことにしただけなのだが、よく考えると、α に (bc) を作用させると変化することだけが大事であることがわかるだろう。

■ α のルーツ

置換 (bc) を正規部分群 (5.5) $\begin{bmatrix} a & b & c \\ b & c & a \\ c & a & b \end{bmatrix}$ の上の組 $\begin{bmatrix} a & c & b \\ c & b & a \\ b & a & c \end{bmatrix}$

の順列に作用させると、下の組の全ての順列が得られる。そこで、このような置換を「組の間の置換」と呼ぶことにしよう。すると、α はそれが有理数を係数とする、解の四則演算で計算される数で、次の性質を持つものならよいことになる。

> **α のルーツ1：**
> 正規部分群の「組の間の置換」を α に作用させると、値が変化する。

値の変化に注目していることには、注意が必要である。「組の間の置換」は、(bc) 以外にも (ab) や (ac) もそうだ。α を差積とすると、これらを作用させると符号が変わり確かに値も変化している。

しかし、ガロアはルーツ1だけで α を選んではいない。

正規部分群 (5.5) $\begin{bmatrix} a & b & c \\ b & c & a \\ c & a & b \end{bmatrix}$ の、各組の中の順列の置 $\begin{bmatrix} a & c & b \\ c & b & a \\ b & a & c \end{bmatrix}$

換の集まりは、2つの組共通で $\{I,(abc),(acb)\}$ だった。これらの置換を「組の中の置換」と呼ぶことにすると、この3つの置換を差積 α に作用させても変化しない。この性質も満たすように、α を選ぶのである。

> **α のルーツ2**：
> 正規部分群の「組の中の置換」を α に作用させても、値は変化しない。

まとめると、α は正規部分群の「組の中の置換」を作用させても変化しないが、「組の間の置換」を作用させると変化するように選ぶのである。このように α は、ガロア群の正規部分群と密接な関係を持っている数なのだ。

いまの場合は、たまたま α を差積に選ぶことができたが、実は解の式で同様の変化をするものならどんなものでも α の代わりに使って、同様の議論ができる。そして、必ずこのような変化をする α を選ぶことができることは、ガロアがきちんと証明している。

なお、β の前の (-1) も、正規部分群の性質、あるいは (bc) の性質から決まるのだが、そのことは後で説明する。

■ θ^2 は有理数である

さて、θ^2 は有理数である。これは直接計算すればわかるが、せっかくだからガロア群の性質を利用して確かめることにする。θ^2 にガロア群 (5.3) の全ての置換：

$$\left\{\begin{pmatrix}abc\\abc\end{pmatrix},\begin{pmatrix}abc\\bac\end{pmatrix},\begin{pmatrix}abc\\acb\end{pmatrix},\begin{pmatrix}abc\\cba\end{pmatrix},\begin{pmatrix}abc\\bca\end{pmatrix},\begin{pmatrix}abc\\cab\end{pmatrix}\right\}$$

を作用させても変化しないことを確かめるのだ。そうすればガロア群の定義（4.5節）から、θ^2 は有理数となる。

詳しいチェックを下の表にまとめた。ぜひ、θ の秘密を知ってほしい。

作用させる置換	$\alpha=$ $(a-b)(b-c)(c-a)$ の変化	β （$=\alpha$に (bc) を作用させたもの$=-\alpha$）の変化	$\theta=\alpha+(-1)\beta$ の変化	θ^2 の変化
組の中の置換 I, (abc), (acb)	$\to \alpha$	$\to \beta$	$\to \theta$	$\to \theta^2$
組の間の置換 (bc)	$\to (-\alpha)=\beta$ （βの定義）	$\to \alpha$ （下のポイント1）	$\to \beta+(-1)\alpha$ $=-\theta$	$\to (-\theta)^2=\theta^2$
残りの置換 (ab), (ac)	$\to (-\alpha)=\beta$ （下のポイント2）	$\to \alpha$ （下のポイント2）	$\to \beta+(-1)\alpha$ $=-\theta$	$\to (-\theta)^2=\theta^2$

θ^2 にガロア群（5.3）の全ての置換を作用させても変化しない

ポイント1：もちろん、α と β の定義に戻って、具体的に作用させればわかるが、置換の積と文字式への作用の関係（第3章）を使うと、以下のようにしてわかる：β は α に (bc) を作用させたものだから、β に (bc) を作用させるということは、α に (bc) を2回続けて作用させるということである。しかし、(bc) を2回続けると恒等置換 I

だから、結局、β に (bc) を作用させた結果は α となる。

ポイント 2：もちろん、α と β の定義に戻って、具体的に作用させればわかるが、置換の積と文字式への作用の関係（第 3 章）を使うと、置換の関係式：

$$(ab) = (acb)(bc) \text{ および } (ac) = (abc)(bc)$$

からこのように変化することがわかる。ただし本書では、右辺の置換の積は、左が先であることに注意（なお、この関係式から、(ab) と (ac) も組の間の置換になることがわかる）。

■本当に θ^2 は有理数か

えっ？　まだ、θ^2 が有理数とは信じられないですか？では、具体的に計算してみよう。

$\theta = \alpha + (-1)\beta$ だから、α と β を計算すればよい。α は差積だったが、その値は前に計算したとおり $\pm 6\sqrt{3}\,i$ だ。複号は、a、b、c の選び方によってどちらかに決まるが、ここでは、$\alpha = 6\sqrt{3}\,i$ となったとしよう。$\alpha = -6\sqrt{3}\,i$ となったとしても、以下の議論はほとんど同じである。

すると、

$$\beta = -\alpha = -6\sqrt{3}\,i$$

となる。したがって、

$$\theta = \alpha + (-1)\beta = 6\sqrt{3}\,i + (-1)(-6\sqrt{3}\,i) = 12\sqrt{3}\,i$$

となり、

$$\theta^2 = 12^2 \cdot (-3) = -432$$

となる。確かに有理数でしょ！

■ β の前の (-1) の秘密

さて、β の前の (-1) の意味を説明しよう。この (-1) は、1の2乗根（平方根）のうち、1でないものという意味である。なぜ、2乗根をとるか、それは (bc)

$$\theta = \alpha + (-1)\beta$$

組の間の置換（いまの場合 (bc)）を、α に作用させたもの

以下を満たす数：
・正規部分群の組の中の置換（いまの場合 $I, (abc), (acb)$）を作用させても変化せず；
・しかし、組の間の置換（いまの場合 (bc)）を作用させると変化する

1の n 乗根で1でないもの、ただし、n は、組の間の置換（いまの場合 (bc)）の位数（いまの場合2）

を 2 回続けると恒等置換になるからだ。

実は、どんな置換も何回か続けると恒等置換になる。その回数の最小値を、その置換の位数という。(bc) の位数は 2 だ。つまり

$$2 乗根の 2 = (bc) の位数の 2$$

なのだ。

結局、θ は左記のとおり作られていたことになる。

6.1.2 べき根を使ってよい場合のガロア群

さて、方程式 (5.1)：$x^3 - 2 = 0$ の係数（と言っても、1 と (-2) だけ）だけでなく、$\theta = \sqrt{-432}$ も使った有理式：R（方程式の係数, θ）の値も、方程式の係数で代数的に表される数である。したがって、方程式の解がそのような数であっても、方程式は代数的に解けたことになる。

このような数の全体も、「『方程式の係数と θ を合わせた』場合のガロア群を考えることでわかる」ということが、ガロアの発見の正確な姿である。

ただし、θ を使ってもよいことにしたので、ガロア群の定義（4.5 節）を少し修正する必要がある。それを説明しよう。

■「使ってよい数」とガロア群

ガロア群は、解の有理式の値のうち、どのような数の四則演算で計算されるものを知りたいのかを決めないと、決まらない。本書では、そのようなガロア群を考えるにあたって決めた数の全体を**「使ってよい数」**と呼ぶことにする。

4.5節のガロア群の定義：暫定版では、「使ってよい数」は「有理数」としていた。しかし正確には「方程式の係数の四則演算で計算される数」とすべきだったのだが、方程式の係数が有理数の場合、「方程式の四則演算で計算される数」は有理式に他ならないため、単に有理数として考えていたのだった。

この方程式の係数の四則演算で計算される数の全体は、「方程式の係数体」と呼ばれる。体とは、四則演算で閉じている数の集まり、という意味である。このような数は、方程式の係数の有理式の値と言っても同じである。本書では以下、方程式の係数体を考えていることをはっきりさせたい時は、「使ってよい数（0）」と書くことにする。すなわち：

「使ってよい数（0）」＝方程式の係数の四則演算で計算される数
（＝方程式の係数の有理式の値）

である。第1章で説明したとおり、0でない数が1つでもあれば、それから四則演算を繰り返すことで全ての有理数が得られる。したがって、「使ってよい数（0）」は有理数全体を含んでいることがわかる。

一方、これから考えるのは、「使ってよい数」が**方程式の係数と θ の四則演算で計算される数**の場合である。方程式の係数と θ の有理式の値として表されるような数と言っても同じである。数学用語を使うと、このような数の全体は「方程式の係数体に、θ を添加した体」と呼ばれる。以下では、「使ってよい数（1）」と呼ぶことにしよう。すなわち：

第6章　正規部分群と方程式の代数的解法

「使ってよい数（1）」＝方程式の係数と θ の四則演算で計算される数
（＝方程式の係数と θ の有理式の値）

である。

■**ガロア群の定義：最終版**

このように、いろいろな「使ってよい数」に対して、以下を満たす方程式の解の置換の集まりが存在することをガロアは示したのだ：

ガロア群の定義：最終版

方程式のガロア群とは、「使ってよい数」を決めたとき、方程式の解 $(a,b,c,\cdots)$ の置換の集まりで、以下の性質⓪〜②を持つもの（H と書こう）である。このような H は、ガロアにより存在することが保証されている：

⓪ H は、置換の積について閉じている；

① 係数が「使ってよい数」である $a,b,c,\cdots$ の有理式 $R(a,b,c,\cdots)$ に、H に含まれるどの置換を作用させても有理式 R の値が変化しないなら、その値は「使ってよい数」である；

② 係数が「使ってよい数」である $a,b,c,\cdots$ の有理式 $R(a,b,c,\cdots)$ の値が「使ってよい数」なら、H に含まれるどの置換を有理式 R に作用させても、有理式 R の値は変化しない。

ここで、有理式 R の値とは、式の中の $a,b,c,\cdots$

> に対応する解の値を代入して得られる数のことである。
>
> なお、単に方程式のガロア群と言えば、通常「使ってよい数（⓪）」を考えた時のガロア群のことである。

1回読んだだけでは、頭に入りにくいと思う。下の図を参考にしてほしい。細かい点だが、「使ってよい数」を係数とする解の有理式について、その**式の値**が「使ってよい数」になるかどうかを問題にしており、どちらも同じ「使ってよい数」で考えている点に注意してほしい。

なお、ガロア群をガロア流で表すには、解の順列を1個、例えば $ab\cdots c$ を持ってきて、H に含まれる各置換を $ab\cdots c$ に作用させた結果を集めた組を考えればよい。4.7節で触れたとおり、この順列の組は、上の⓪の条件から、ガロア流の群となる。

ガロア群の定義：暫定版（4.5節）

考えている代数方程式（係数は有理数とする）の解 $a, b, \cdots, c$ の有理式で、係数が有理数（※）のもの $R(a, b, \cdots, c)$ に対して、

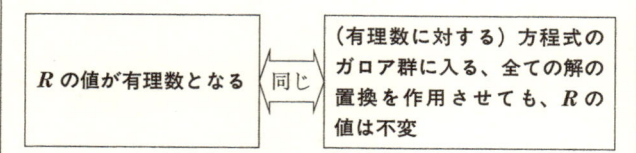

| R の値が有理数となる | 同じ | （有理数に対する）方程式のガロア群に入る、全ての解の置換を作用させても、R の値は不変 |

※考えている方程式の係数が有理数の時、「使ってよい数（⓪）」＝有理数である。

第6章 正規部分群と方程式の代数的解法

ガロア群の定義：最終版（本節）

考えている代数方程式（係数は有理数以外でもよい）の解 $a, b, \cdots, c$ の有理式で、係数が「使ってよい数」のもの $R(a, b, \cdots, c)$ に対して、

| R の値が「使ってよい数」となる | 同じ | 「使ってよい数」に対する方程式のガロア群に入る、全ての解の置換を作用させても、R の値は不変 |

■「使ってよい数（1）」はどんな数

では、方程式 (5.1) の係数と θ ($=\sqrt{-432}$) の四則演算で計算される「使ってよい数（1）」に対するガロア群は、どのようなものだろうか。これを調べるために、まず、どのような数が「使ってよい数（1）」なのかを調べよう。$\theta = \sqrt{-432} = 12\sqrt{3}\,i$ である。

まず、全ての「使ってよい数（0）」は、「使ってよい数（1）」でもあることがわかる。特に、有理数は全て「使ってよい数（1）」でもある。

また、1 の 3 乗根 $\omega = \dfrac{-1 \pm \sqrt{3}\,i}{2}$ も「使ってよい数（1）」である。ω は、$\sqrt{3}\,i$ と整数から四則演算で計算されるが、$\sqrt{3}\,i = \dfrac{\theta}{12}$ だから、$\sqrt{3}\,i$ は、θ を有理数12で割って（あるいは $\dfrac{1}{12}$ を掛けて）表されるからだ。実は、「使ってよい数（1）」は、有理数 a、b を用いて $a + b\sqrt{3}\,i$ と表

すことのできる数に他ならない。それを確かめるには、この形の数同士の四則演算の結果が、またこの形になることを確認すれば十分だ。方程式 (5.1)：$x^3-2=0$ の係数を含む全ての有理数も θ（$=12\sqrt{3}\,i$）もこの形に表されるからだ。

和と差については：

$$(a+b\sqrt{3}\,i) \pm (c+d\sqrt{3}\,i) = (a\pm c) + (b\pm d)\sqrt{3}\,i$$

となり、積については、$(\sqrt{3}\,i)^2=-3$ だから：

$$(a+b\sqrt{3}\,i)(c+d\sqrt{3}\,i) = ac+(bc+ad)\sqrt{3}\,i+bd(\sqrt{3}\,i)^2$$
$$= (ac-3bd)+(bc+ad)\sqrt{3}\,i$$

となって、確かに $a+b\sqrt{3}\,i$ の形に表される。

商については、$\dfrac{1}{a+b\sqrt{3}\,i}$ がこの形で表されることを確かめれば十分だ。積については既に確かめたからだ。実際、「分母の有理化」を行えば：

$$\frac{1}{a+b\sqrt{3}\,i} = \frac{a-b\sqrt{3}\,i}{(a+b\sqrt{3}\,i)(a-b\sqrt{3}\,i)}$$
$$= \frac{a}{a^2+3b^2} - \frac{b}{a^2+3b^2}\sqrt{3}\,i$$

となる。

注意してほしいのは、$\sqrt{3}$ や i そのものは、「使ってよい数（1）」に含まれないということだ。$\sqrt{3}$ や i がこの形に表せないのは、$\sqrt{2}$ が有理数でないことの証明と同じようにすれば確かめることができる。

第6章　正規部分群と方程式の代数的解法

■「使ってよい数」が増えるとガロア群が変わる！

では、この「使ってよい数（1）」に対する方程式 (5.1)：$x^3-2=0$ のガロア群を求めよう。その方法はこれまでと変わらない。第4章の終わりに述べたとおり、ガロアはガロア群を方程式の解から作る方法を示したが、本書では逆に定義の条件を満たす解の置換の集まりが1つしかないことを示すことで、ガロア群を決めていく。いわば、消去法である。

ポイントは、差積 $(a-b)(b-c)(c-a)$ の値 $\pm 6\sqrt{3}\,i = \pm\dfrac{\theta}{2}$ が、今回は「使ってよい数（1）」となることである。そのため、差積の符号を変えてしまう置換 (ab)、(bc)、(ca) は、ガロア群の定義：最終版の②から方程式 (5.1) のガロア群に入ることができない。

他方、(abc) と (acb) はガロア群に入っている。もしこれらが入ってないと仮定すると、ガロア群に入っているのは恒等置換 I だけになり、以下のとおり矛盾が導かれるからだ。

ガロア群に入っているのは恒等置換 I だけだとすると、恒等置換 I はどのような解の式に作用させても変化させないのでガロア群の定義：最終版の①から、特に解の式 a、b、c の値は「使ってよい数（1）」となる。したがって、$\sqrt[3]{2}$ は「使ってよい数（1）」となる。上で見たとおり「使ってよい数（1）」は、有理数 a、b を用いて $a+b\sqrt{3}\,i$ と表すことができるから $\sqrt[3]{2}$ もこのような形に表せることになってしまうが、それは不可能なことが確かめられる。

したがって、この「使ってよい数（1）」に対する方程式 (5.1) のガロア群に入る置換は、(abc)、(acb) と恒等置換 I である[2]。ガロア群の求め方自体は同じだが、「使ってよい数」が（0）から（1）になって増えた結果、組の間の置換 (ab)、(bc)、(ca) がガロア群に入れなくなる。その結果、ガロア群は前より小さくなった。

この小さくなったガロア群をガロア流で書くと：

$$\begin{bmatrix} a & b & c \\ b & c & a \\ c & a & b \end{bmatrix} \quad (6.2)$$

となる。これは、もとのガロア群 (5.4) の正規部分群 (5.5) を表す、2つの順列の組のうちの一方である[3]。ガロア群の正規部分群に対して作った θ のような数を使って「使ってよい数」を増やすことで、ガロア群をその正規部分群の組の1つに縮めることができるのだ！

なお、「使ってよい数」に追加する数によっては、ガロア群は変化しないこともある。しかし、θ のようにガロア群の構造に基づき戦略的に作った数では、確かにガロア群はその正規部分群の組の1つに変化するのである。

---

[2] $(abc)^2 = (acb)$ および $(acb)^2 = (abc)$ から、ガロア群に (abc) と (acb) のいずれかが含まれることから、両方が含まれることがわかる。

[3] もう一方の組：$\begin{bmatrix} a & c & b \\ c & b & a \\ b & a & c \end{bmatrix}$ でもよい。組の中の置換の集まりは、正規部分群を表す全ての順列の組で共通だというのが、部分群の定義だったからである。

第 6 章　正規部分群と方程式の代数的解法

■ここまでのまとめ

ここまでの流れを、本書では、ユニット・ガロア理論[4]と呼ぶことにする（160〜161ページの図の左側の部分）。

増えた「使ってよい数（1）」に対するガロア群には、恒等置換 I 以外のものがまだ含まれている。したがって、方程式（5.1）の全ての解を、方程式の係数と θ の有理式で表すことは、まだできない。つまり、解を代数的に表すにはまだべき根が足りないようである。どうしたらよいのだろうか？

答えは、そう、この過程をもう一度繰り返せばよいのである。

なお、第 4 章で登場した方程式は、どれもユニット・ガロア理論を 1 回適用して方程式が代数的に解けることを示すことができるものだった。

6.2　もう一度ユニット・ガロア理論[5]
■新しいガロア群の正規部分群を見つける

方程式（5.1）の新しいガロア群（6.2）$\begin{bmatrix} a & b & c \\ b & c & a \\ c & a & b \end{bmatrix}$ も正規部分群を持っている。それは、「自明な」真の正規部分群だ。ガロア流で書くと：

---

[4] 再び恐縮だが、本書だけの言葉で、本書以外では通用しないので、ご注意。
[5] 何度も恐縮だが、本書だけの言葉で、本書以外では通用しないので、ご注意。

$$\begin{matrix}[a & b & c]\\[b & c & a]\\[c & a & b]\end{matrix} \qquad (6.3)$$

だ。これは、コラム(6.1) に説明するとおり、(6.2) の正規部分群を表している。(6.3) の「組の中の置換」の集まりは I (恒等置換)のみ、「組の間の置換」の集まりは、$\{I, (abc), (acb)\}$ となっている。

コラム (6.1) (6.3) は、(6.2) の正規部分群を表す

(a) (6.3) が (6.2) の部分群を表していること

それぞれの組は、1つだけの解の順列からなるから、組の中の置換は、恒等置換 I の1つだけである。したがって：
・各組は (4.14) の条件を満たし、群であり；
・組の中の置換は、3つの組で共通（$=I$）だから、(6.3) は、(6.2) の部分群を表している。

(b) (6.3) が (6.2) の正規部分群を表していること

(6.2) の各組はそれぞれただ1つの順列だけを含むから、ある組に1個の置換を作用させることで他の組の1つしかない順列の全てが得られるのは当然である。

実際、図のとおり、上の組から真ん中の組へは、(abc) を作用させればよいし、上の組から下の組へは (acb) を作用させればよい。他の組から始めたとしても同様である。

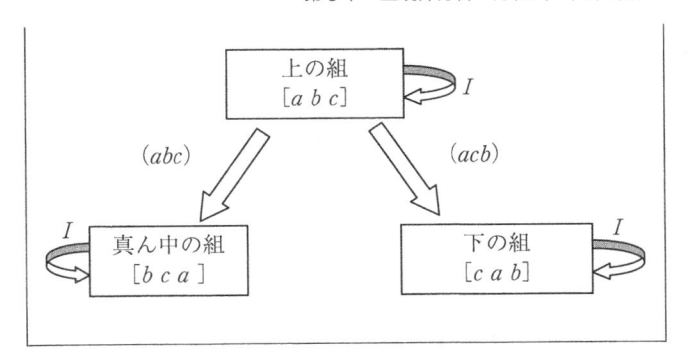

第6章　正規部分群と方程式の代数的解法

```
        ┌──────────┐
        │  上の組   │⟲ I
        │ [a b c]  │
        └──────────┘
      (abc) ↙      ↘ (acb)
┌──────────┐      ┌──────────┐
│真ん中の組│      │  下の組   │
I⟲│ [b c a] │      │ [c a b]  │⟲ I
└──────────┘      └──────────┘
```

■ **正規部分群から決まる数 τ**

新しいガロア群 (6.2) の3つに分けられる正規部分群 (6.3) が見つかったので、θ と同様に作られる次の数 τ（「タウ」と読む）を考える：

$$\tau = a + \omega b + \omega^2 c \qquad (6.4)$$

ただし、a、b、c は方程式 (5.1) の3つの解を表し、ω は1の3乗根のうち1でないもの（$= \dfrac{-1 \pm \sqrt{3}\,i}{2}$ のどちらか）を表す。

前に作った θ は、2次方程式の解の公式を作る時に出てくる解の差積の進化したものだったが、3.7節で説明した3次方程式の解の公式を作る過程で、(3.21) 式に $a + \omega b + \omega^2 c$ が登場している。これはまさに上の τ と同じものだが、それは偶然見つかったもので、τ の方は正規部分群 (6.3) の性質を巧みに取り込んで以下のとおり周到に構成されているのである。

作り方の詳しい解説を下図にまとめる。aは、θの場合のaと同様に、「使ってよい数」を係数とする解の有理式で、正規部分群の「組の中の置換」を作用させても不変で、「組の間の置換」のいずれかで変化するものとして選ばれている。そのような性質を持つものなら何でもよいが、aが最も単純だったに過ぎない。

1のn乗根で1でないもの（いまの場合ω）。ただし、nは組の間の置換で、aに作用させると変化するもの（いまの場合(abc)）の位数（いまの場合3）

1のn乗根で1でないもの（いまの場合ω）の2乗。ただし、nは組の間の置換で、aに作用させると変化するもの（いまの場合(abc)）の位数（いまの場合3）

$$\tau = a + \omega b + \omega^2 c$$

方程式の解の四則演算で計算される数で以下が成り立つもの：
・正規部分群の組の中のどの置換（いまの場合Iだけ）を作用させても変化せず；
・しかし、組の間の置換で、作用させると変化するものがある（いまの場合(abc)）

組の間の置換で、aに作用させると変化するもの（いまの場合(abc)）を、aに1回作用させたもの

組の間の置換で、aに作用させると変化するもの（いまの場合(abc)）を、aに2回作用させたもの（＝bに1回作用させたもの）
（※）3回作用させるとaに戻るので、2回まででお終い

第6章　正規部分群と方程式の代数的解法

　つまり、(3.21) 式に登場する $a+\omega b+\omega^2 c$ の a、b、c には3次方程式の全ての解で、ω には解が3つだからという程度の根拠だったものが、$\tau = a+\omega b+\omega^2 c$ の a、b、c には、a が a、b、c の式のうち上に述べた性質を持つものであり、b、c は、この a に順に、正規部分群の「組の間の置換」で a に作用させると変化させるもの (abc) とその2乗 $(abc)^2$ を作用させた結果であること、そして、1の3乗根 ω には、(abc) の位数が3であること、すなわち $(abc)^2=(acb)\neq I$、$(abc)^3=I$ となることという、しっかりした根拠があるのだ。その意味で θ 同様、τ も (3.21) 式に登場する $a+\omega b+\omega^2 c$ を進化させたものになっているのである。5次以上の方程式が代数的に解けるかどうかという問題に対して、単に $a+\omega b+\omega^2 c$ の解の数を増やしたものを使っただけでは行き詰まってしまったが、ガロアはこのように θ、τ を作る理屈を進化させたことによって、懸案の問題にアタックする正しい道具を手にしたのである。

■ τ は「使ってよい数（1）」の3乗根である

　さて、τ が「使ってよい数（1）」τ^3 の3乗根であることを確かめよう。それには、τ の3乗 τ^3 に、(新しい) ガロア群 (6.2) の全ての置換 $\{I,(abc),(acb)\}$ を作用させた変化を調べればよい。結果は次の表のとおり、どの置換を作用させても変化しないことがわかる。

　したがって、ガロア群の定義；最終版の①により、τ^3 は「使ってよい数（1）」である。そして、τ は「使ってよい数（1）」である τ^3 の3乗根だ。

作用させる置換	aの変化	bの変化	cの変化	$\tau=a+\omega b+\omega^2 c$ の変化	τ^3 の変化
I	$\to a$	$\to b$	$\to c$	$\to a+\omega b+\omega^2 c=\tau$	$\to \tau^3$
(abc)	$\to b$	$\to c$	$\to a$	$\to b+\omega c+\omega^2 a$ $=\omega^2(\omega b+\omega^2 c+a)$ $=\omega^2\tau$	$\to (\omega^2\tau)^3$ $=\omega^6\tau^3$ $=\tau^3$
(acb) $(=(abc)^2$である!$)$	$\to c$	$\to a$	$\to b$	$\to c+\omega a+\omega^2 b$ $=\omega(\omega^2 c+a+\omega b)$ $=\omega\tau$	$\to (\omega\tau)^3$ $=\omega^3\tau^3$ $=\tau^3$

　τ は、置換 (abc) の3乗が恒等置換であることと、ω が1の3乗根であることを上手く組み合わせて作られていることが納得できただろうか。

■新しいガロア群

　では、方程式 (5.1)：$x^3-2=0$ の係数と θ、τ の四則演算で計算される数を「使ってよい数（2）」と呼び、この「使ってよい数（2）」に対する方程式 (5.1) のガロア群を求めることにしよう。τ を、「使ってよい数（1）」に対するガロア群 (6.2) $\begin{bmatrix} a & b & c \\ b & c & a \\ c & a & b \end{bmatrix}$ の正規部分群 (6.3) $\begin{bmatrix} a & b & c \\ b & c & a \\ c & a & b \end{bmatrix}$ をもとに作ったことから考えると、新しいガ

第6章　正規部分群と方程式の代数的解法

ロア群は、正規部分群のいずれか1つの組、例えば $[abc]$ になると期待される。この組には順列は1つしかないから、組の中の置換は恒等置換 I 1つのみとなる。

このことは、前のガロア群(6.2)の置換 $\{I, (abc), (acb)\}$ のうち (abc)、(acb) を τ に作用させると、すでに前ページの表で見たとおり値が ω^2 倍あるいは ω 倍されて値は変化してしまうことからもわかる。ところが τ は、新しい「使ってよい数（2）」に入っているから、ガロア群の定義より、新しいガロア群の置換を τ に作用させても、その値は変化しないはずだ。したがって、恒等置換以外の置換 (abc)、(acb) は、新しいガロア群の置換とはなり得ない。残るは I だけである。

■方程式 (5.1) の解は「使ってよい数（2）」である

そして、このようにガロア群が恒等置換 I のみを含む時、ガロア群の定義から、方程式の解の四則演算で計算される数は全て「使ってよい数（2）」になる。特に、方程式 (5.1) の3個の解、$\sqrt[3]{2}$、$\sqrt[3]{2}\,\omega$ と $\sqrt[3]{2}\,\omega^2$ は、全て、この新しい「使ってよい数（2）」に入ることがわかる。実際、$a=\sqrt[3]{2}$、$b=\sqrt[3]{2}\,\omega^2$、$c=\sqrt[3]{2}\,\omega$ とすると（他の決め方でも同様である）、$\tau = a + \omega b + \omega^2 c = \sqrt[3]{2} + \omega \cdot \sqrt[3]{2}\,\omega^2 + \omega^2 \cdot \sqrt[3]{2}\,\omega = 3\sqrt[3]{2}$ である。つまり、方程式 (5.1) の解 $\sqrt[3]{2}$ は、$\sqrt[3]{2} = \dfrac{3\sqrt[3]{2}}{3} = \dfrac{\tau}{3}$ と、τ と有理数3の割り算で表される！　確かに $\sqrt[3]{2}$ は、「使ってよい数（2）」なのだ。なお、$\tau = 3\sqrt[3]{2}$ だから、$\tau^3 = 54$ である。

ユニット・ガロア理論（1回目）

```
┌─────────────────┐    ┌─────────┐    ┌─────────────────┐
│「使ってよい数(0)」│    │         │    │「使ってよい数(1)」│
│ =方程式の係数の  │───▶│θを添加  │───▶│ =方程式の係数と  │
│ 有理式で表される │    │         │    │ θの有理式で表さ │
│ 数（係数：有理数）│    └─────────┘    │ る数（係数：有理数）│
└─────────────────┘                    └─────────────────┘
```

ガロア群の定義

「使ってよい数(0)」を係数とする、方程式の解の有理式 $R(a,b,\cdots,c)$ の値が「使ってよい数(0)」

⇕ 同じ

$R(a,b,\cdots,c)$ に、「使ってよい数(0)」のガロア群の置換を作用させて、値が不変

ガロア群の定義

「使ってよい数(1)」を係数とする、方程式の解の有理式 $S(a,b,\cdots,c)$ の値が「使ってよい数」

⇕ 同じ

$S(a,b,\cdots,c)$ に、「使ってよい数(1)」のガロア群の置換を作用させて、値が不変

「使ってよい数(0)」に対するガロア群 (5.4)

$$\begin{bmatrix} a & b & c \\ b & c & a \\ c & a & b \\ a & c & b \\ c & b & a \\ b & a & c \end{bmatrix}$$

正規部分群 (5.5)

$$\begin{bmatrix} a & b & c \\ b & c & a \\ c & a & b \end{bmatrix}$$

$$\begin{bmatrix} a & c & b \\ c & b & a \\ b & a & c \end{bmatrix}$$

からべき根 θ を作る

「使ってよい数(1)」に対するガロア群＝正規部分群 (5.5) の順列の組の1つ*(6.2)

$$\begin{bmatrix} a & b & c \\ b & c & a \\ c & a & b \end{bmatrix}$$

*どの組でもよい

ガロア群の行の間の置換は、恒等置換以外を含む
→解は「使ってよい数(0)」の四則演算では表せない
→べき根が必要

ガロア群の行の間の置換は、恒等置換以外を含む
→解は「使ってよい数(1)」の四則演算では表せない
→べき根が必要

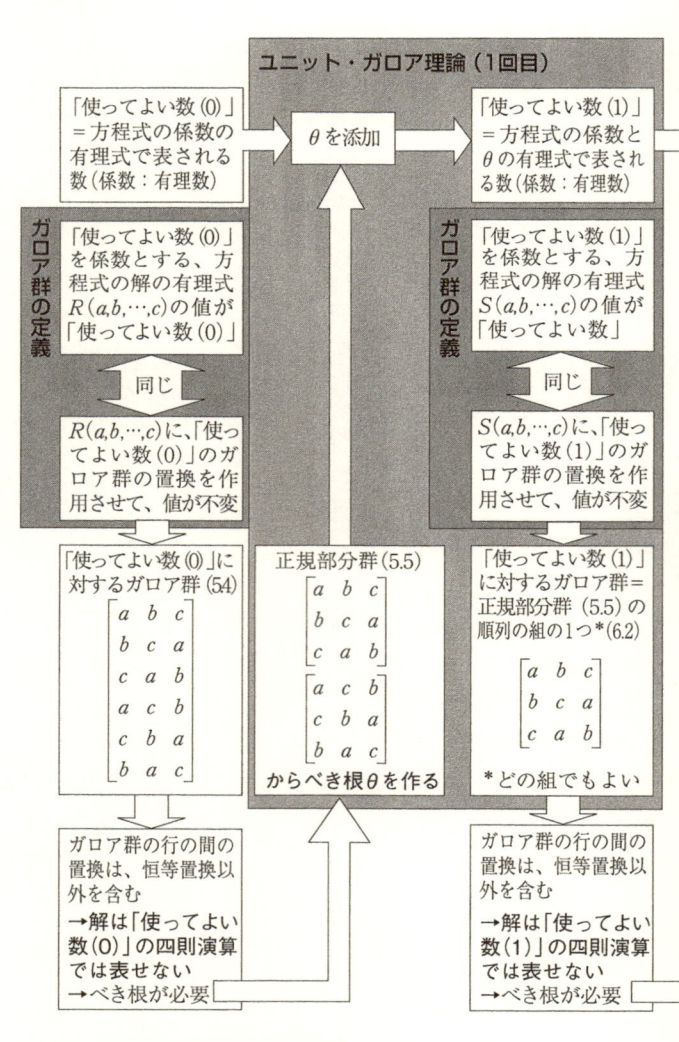

方程式 (5.1) は代数的に解ける!!!

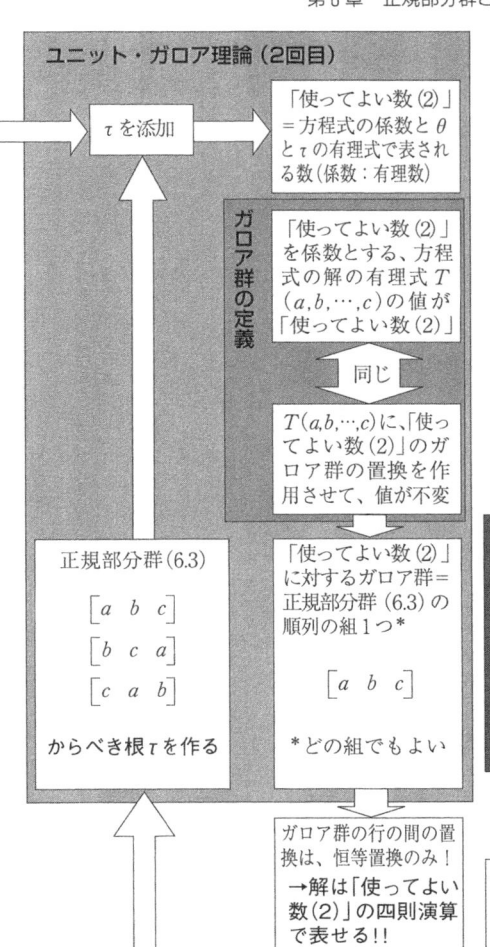

第6章　正規部分群と方程式の代数的解法

ユニット・ガロア理論（2回目）

τ を添加 → 「使ってよい数(2)」
= 方程式の係数と θ と τ の有理式で表される数（係数：有理数）

ガロア群の定義

「使ってよい数(2)」を係数とする、方程式の解の有理式 $T(a,b,\cdots,c)$ の値が「使ってよい数(2)」

↕ 同じ

$T(a,b,\cdots,c)$ に、「使ってよい数(2)」のガロア群の置換を作用させて、値が不変

正規部分群(6.3)

$\begin{bmatrix} a & b & c \end{bmatrix}$
$\begin{bmatrix} b & c & a \end{bmatrix}$
$\begin{bmatrix} c & a & b \end{bmatrix}$

からべき根 τ を作る

「使ってよい数(2)」に対するガロア群＝正規部分群(6.3)の順列の組1つ*

$\begin{bmatrix} a & b & c \end{bmatrix}$

*どの組でもよい

ガロア群の行の間の置換は、恒等置換のみ！
→解は「使ってよい数(2)」の四則演算で表せる!!

解を、方程式の係数に、四則演算と、べき根をとる操作を組み合わせることで、表すことができた!!!

方程式が代数的に解けた!!!

さらに、前に説明したとおり、ωは「使ってよい数（1）」、すなわち方程式（5.1）の係数とθの四則演算で計算される数だったから、方程式（5.1）の残りの2つの解$\sqrt[3]{2}\,\omega$と$\sqrt[3]{2}\,\omega^2$も「使ってよい数（2）」であることがわかる。

　具体的に、方程式（5.1）の解をθとτで表すと以下のとおりである。ここで、$\theta^2=-432$、$\tau^3=54$である。また、$\omega=\dfrac{-1\pm\sqrt{3}\,i}{2}$で、$\theta=\sqrt{-432}=12\sqrt{3}\,i$だったから、$\omega=\dfrac{-1\pm(\theta/12)}{2}$である（下では、複号は＋をとる）：

$$a=\sqrt[3]{2}=\frac{\tau}{3}$$

$$b=\sqrt[3]{2}\,\omega=\frac{\tau}{3}\left(\frac{-1+\dfrac{\theta}{12}}{2}\right)=\frac{1}{72}\theta\tau-\frac{1}{6}\tau$$

$$c=\sqrt[3]{2}\,\omega^2=\frac{\tau}{3}\left(\frac{-1+\dfrac{\theta}{12}}{2}\right)^2=\frac{1}{1728}\theta^2\tau-\frac{1}{72}\theta\tau+\frac{1}{12}\tau$$

■方程式が代数的に解けることがガロア群を調べてわかった！

　以上の流れを160～161ページの図にまとめる。方程式（5.1）は、ユニット・ガロア理論を2回適用した結果、代数的に解けることがわかった。この時、ガロア群は図のように、順に前の段階のガロア群の正規部分群の組の1つに

なり、小さくなっていく。「使ってよい数」が増えていくと、ガロア群に入る置換の方は減っていくのだ。そして、最後にガロア群が1つの順列だけからなる時、ガロア群の置換は恒等置換だけになり、方程式（5.1）の解は、その段階の「使ってよい数」になる。すなわち、方程式（5.1）は、代数的に解けたのである。

6.3　ガロアの主定理ハーフ
■ユニット・ガロア理論はいつでも繰り返すことができるか

一般の方程式に対しても、同様にユニット・ガロア理論を繰り返すことで、代数的に解けることを示せると考えられる。このことを確かめてみよう。

まず、ユニット・ガロア理論を要約すると以下のとおりである。

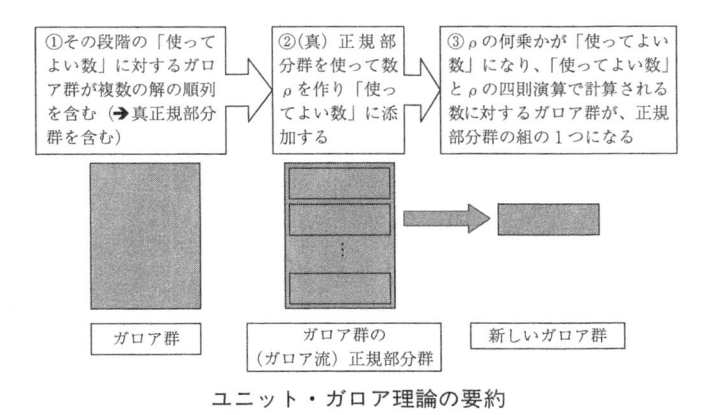

①その段階の「使ってよい数」に対するガロア群が複数の解の順列を含む（→真正規部分群を含む）	②（真）正規部分群を使って数 ρ を作り「使ってよい数」に添加する	③ρ の何乗かが「使ってよい数」になり、「使ってよい数」と ρ の四則演算で計算される数に対するガロア群が、正規部分群の組の1つになる
ガロア群	ガロア群の（ガロア流）正規部分群	新しいガロア群

ユニット・ガロア理論の要約

①の段階では、ガロア群が複数の解の順列を含む時に

は、必ず、真の、つまり全体ではない正規部分群を見つけ
ることができる。例えば、(6.3)：$\begin{bmatrix} a & b & c \\ b & c & a \\ c & a & b \end{bmatrix}$のように、
それぞれの置換を1つずつばらばらの組に分けたものも正
規部分群となるからである。

②の段階では、ガロア群の定義に戻れば、解の四則演算
で計算される数（aと書き表すことにしよう）で以下を満
たすものが存在するはずであることがわかる：正規部分群
の組の中の置換をaに作用させても値は変わらないが、
しかし、正規部分群の組の間の置換のうちにはaに作用
させると値が変化してしまうものがある。このaを用い
ると、**一般の方程式の場合も、これまでに登場したθ
(6.1)やτ(6.4)と同様にして数を作ることができる。**
これをここでは、ρ（ロー）と呼ぶことにしよう。

③の段階では、このρの何乗かが「使ってよい数」に
なれば、もとの「使ってよい数」とρの四則演算で計算
される新しい「使ってよい数」に対する方程式のガロア群
が、もとのガロア群の正規部分群の組の1つになること
も、これまでと同様にしてわかる。

実は、ρの何乗かが「使ってよい数」になるという上の
条件は、どんな場合でも成り立つわけではない。ここがユ
ニット・ガロア理論の成否の分かれ目である。この点に関
してガロアは、以下の条件が成り立てば、ρの何乗かが
「使ってよい数」になることを発見したのだ：

第6章 正規部分群と方程式の代数的解法

> 正規部分群の各組に含まれる順列の数は、もとのガロア群に含まれる順列の数の、**素数分の1**になっている。つまり、正規部分群が**素数個の組に分かち書き**されていればよい。 (6.5)

方程式 (5.1): $x^3-2=0$ の場合は、ガロア群 (5.4) が最初は2個の組に分かち書きされて (5.5) となり、次に新しいガロア群 (6.2) が3個の組に分かち書きされて (6.3) となった。2と3は素数だから、上の条件が確かに満たされている。そして、途中で作った数 θ と τ に対し、θ^2 と τ^3 がその段階の「使ってよい数」、詳しくはそれぞれ「使ってよい数 (0)」と「使ってよい数 (1)」になった。

一般の場合にも、素数 p 個の組に分かれるのであれば、ρ の p 乗 ρ^p が、その段階の「使ってよい数」になるのだ。コラム (6.2) にそのポイントを示す。

コラム (6.2) ρ^p は、その段階の「使ってよい数」になる

正規部分群を表す順列の組が素数 p 個に分かれていると、ある1つの置換 S を次々に作用させることで全ての組を巡ることができる。このことから、ガロア群の置換は全て $S^i T$(ただし、$i=0,1,2,\cdots,p-1$。T は正規部分群の組の中の置換のいずれか)と表せることがわかり、ρ^p にガロア群の全ての置換を作用

組1の順列に同じ置換Sを作用させると組2の全ての順列が得られる

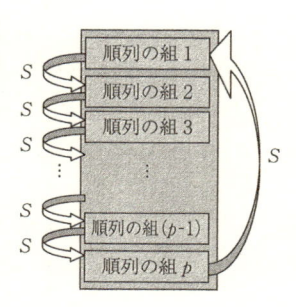

させても値が変化しないことがわかる。

したがって、ρ^p は「使ってよい数」であり、ρ はある「使ってよい数」（$=\rho^p$）の p 乗根となる。

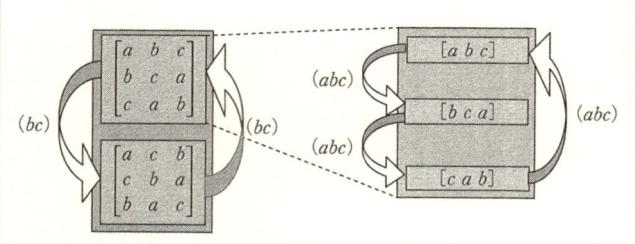

正規部分群（5.5）の場合
（$p=2$、$S=(bc)$）

正規部分群（6.3）の場合
（$p=3$、$S=(abc)$）

■ガロア群の正規列とは

以上の説明から、方程式が代数的に解けるためには、(6.5) の状況が繰り返され、最終的にガロア群が1つだけの順列からなる組になればよいことになる。そうすれば、

「使ってよい数（0）」に次々とべき根を添加しながら、最後の段階では、方程式の解がその段階の「使ってよい数」になるからだ。

そこで、(6.5)の状況が繰り返されることを、ガロア群の性質としてまとめよう。そのために、言葉を1つ用意する。

考えている代数方程式の、「使ってよい数（0）」に対するガロア群を G とする。G からスタートしてその（真）正規部分群を表す順列の組を1つ選んでいくことを繰り返すことで、次の3つの性質を持つ解の順列の組の列

$$G_0\ (=G), G_1, G_2, \cdots, G_{n-1}, G_n \tag{6.6}$$

を作ることが常にできることがわかる：

- $G_0 = G$；
- $k = 1, 2, \cdots, n$ に対して、G_k は、G_{k-1} の正規部分群（を表す順列の分かち書きのうちの組のいずれか1つ）である；
- G_n は、1つだけの順列からなる。

このような列を、方程式の**ガロア群の正規列**と呼ぶ。

■ガロアの主定理ハーフ

正規列はいつでも作ることができるが、(6.5)の状況が繰り返されるためには、さらに以下の性質（P）を持っていればよいことがわかる。これが、ガロアの見つけた、方程式が代数的に解けるための条件だ。本書では、「ガロア

の主定理ハーフ」と呼ぶことにする。ハーフの意味は後で説明する：

> **ガロアの主定理ハーフ**[6] (6.7)
>
> 考えている方程式のガロア群に対し、次の**性質（P）**を満たす正規列が存在すれば、その方程式は代数的に解くことができる：
>
> (P)：$k=1, 2, \cdots, n$ に対して、G_k に含まれる順列の個数は、G_{k-1} に含まれる順列の個数の、**素数分の1**である；
>
> この時、本書では、ガロア群が性質（P）を持つと言うことにする。正確には、性質（P）は正規列の性質だが、間違えることはないだろう。

この章で説明してきた方程式（5.1）の例では、そのガロア群は、以下のとおり確かに性質（P）を持つ。

---

[6] 「ハーフ」も、この本だけで通用する。

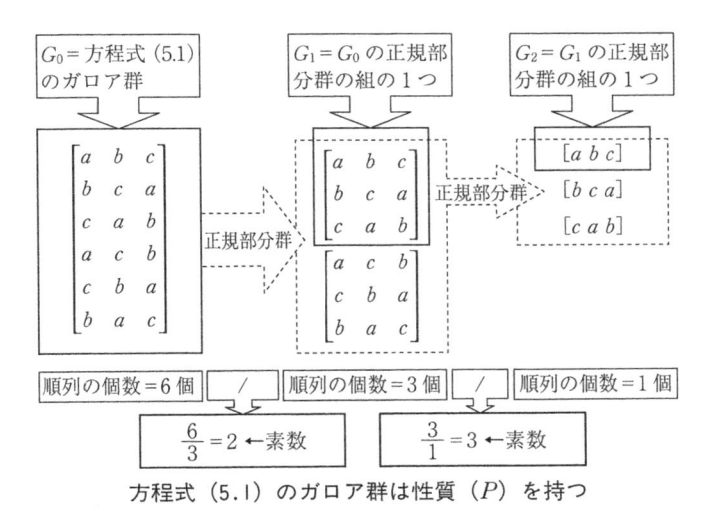

第6章 正規部分群と方程式の代数的解法

```
G_0 = 方程式 (5.1)        G_1 = G_0 の正規部       G_2 = G_1 の正規部
のガロア群              分群の組の1つ          分群の組の1つ
```

$$\begin{bmatrix} a & b & c \\ b & c & a \\ c & a & b \\ a & c & b \\ c & b & a \\ b & a & c \end{bmatrix} \xrightarrow{\text{正規部分群}} \begin{matrix} \begin{bmatrix} a & b & c \\ b & c & a \\ c & a & b \end{bmatrix} \\ \begin{bmatrix} a & c & b \\ c & b & a \\ b & a & c \end{bmatrix} \end{matrix} \xrightarrow{\text{正規部分群}} \begin{matrix} [a\,b\,c] \\ [b\,c\,a] \\ [c\,a\,b] \end{matrix}$$

順列の個数=6個 / 順列の個数=3個 / 順列の個数=1個

$$\frac{6}{3}=2 \leftarrow 素数 \qquad \frac{3}{1}=3 \leftarrow 素数$$

方程式 (5.1) のガロア群は性質 (P) を持つ

■アーベル群は性質 (P) を持つ

また、一般に、ガロア群が可換となる（群に含まれる置換同士の積が順番によらず同じになる）場合(2.3節参照)、そのガロア群は性質 (P) を持つことがわかる。

可換群は、アーベル群とも呼ばれる。つまり、ガロアの見出した性質 (P) は、4.8節で触れたとおりアーベルの発見の一般化になっているのだ。

■ハーフな訳

「ガロアの主定理ハーフ」は、命題:

| 方程式のガロア群が性質 (P) を持つ | → | その方程式が代数的に解ける |

が正しいことを主張している。この章では、その逆命題:

| その方程式のガロア群が性質 (P) を持つ | ← | 方程式が代数的に解ける |

は説明していない。そこでハーフがついている。

しかし、ガロアによると、この逆命題も正しい。そして、そのことが、一般の5次方程式に対して代数的な解の公式が存在しないことの理由に他ならない。つづきは次章で説明することにしよう。

6.4 ガロア流で眺める3次方程式の解の公式

ここまでの復習として、3次方程式

$$y^3 + py + q = 0 \qquad (6.8)$$

の解の公式

$$y = \sqrt[3]{-\frac{q}{2} + \sqrt{\left(\frac{q}{2}\right)^2 + \left(\frac{p}{3}\right)^3}} + \sqrt[3]{-\frac{q}{2} - \sqrt{\left(\frac{q}{2}\right)^2 + \left(\frac{p}{3}\right)^3}} \qquad (6.9)$$

を、いま説明した、ガロアの方法で眺めてみよう。

第6章　正規部分群と方程式の代数的解法

■最初の「使ってよい数」

　最初の「使ってよい数」は、方程式（6.8）の係数1、p、qの四則演算で表すことのできる数、すなわち「使ってよい数（0）」である。ここで、注意するのは、p、qは文字だということだ。この点はこれまでとは違うのだが、ガロアの方法はこの場合にも通用する。そこで、方程式の3つの解をa、b、cとすると、解と係数の関係として、$a+b+c=0$、$p=ab+bc+ca$、$q=-abc$と表すことができる。

■「使ってよい数（0）」に対する方程式（6.8）のガロア群

　この最初の「使ってよい数」に対しては、方程式（6.8）：$y^3+py+q=0$のガロア群は、方程式（5.1）：$x^3-2=0$と同様に、a、b、cの全ての置換となり、3次対称群S_3になる。

　したがって、後は方程式（5.1）：$x^3-2=0$に対して第5章、第6章でやってきたことと同じことをすれば、方程式（6.8）の解を係数1、p、qで代数的に表すことができる。それが、解の公式に他ならない。

　具体的にやってみよう。

■ユニット・ガロア理論（1回目）

　方程式（6.8）のガロア群は、置換I、(abc)、(acb)からなる正規部分群（3次巡回群C_3）を持つ。

　そこで、$x^3-2=0$と同様（138ページ参照）に

$$\theta = 2 \times (\text{差積})$$
$$= 2(a-b)(b-c)(c-a)$$

とすれば、θ^2 が「使ってよい数（0）」になるので、θ を「使ってよい数（0）」に添加する。θ を計算すると、

$$\text{差積 } (a-b)(b-c)(c-a) = \pm\sqrt{-4p^3 - 27q^2}$$
$$= \pm 2 \cdot 3\sqrt{3} \cdot i \sqrt{\left(\frac{q}{2}\right)^2 + \left(\frac{p}{3}\right)^3}$$

と計算されるから、

$$\theta = 2 \times (\text{差積})$$
$$= \pm 2^2 \cdot 3\sqrt{3} \cdot i \sqrt{\left(\frac{q}{2}\right)^2 + \left(\frac{p}{3}\right)^3}$$

で、解の公式に登場する立方根の中の平方根の、$\pm 12\sqrt{3}\, i$ 倍である。$\sqrt{3}\, i$ は、「使ってよい数（0）」ではないが、2次方程式 $x^2 + 3 = 0$ の解だから、これ自体は最初の「使ってよい数（0）」で「代数的」（四則計算とそのべき根）に表すことのできる数だ。そこで、まず、$\sqrt{3}\, i$ を、「使ってよい数」に添加したとしても、もとの方程式の解が最初の「使ってよい数」で「代数的」に表されるかどうかということに関しての影響はない。これで、解の公式 (6.9) に登場する立方根の中の平方根 $\sqrt{\left(\frac{q}{2}\right)^2 + \left(\frac{p}{3}\right)^3}$ の正体は、方程式の最初のガロア群を、その正規部分群の組の1つに変化させるために添加する数 θ に他ならないことがわかった。

第6章 正規部分群と方程式の代数的解法

■ユニット・ガロア理論（2回目）

こうして「使ってよい数（0）」に、（まず $\sqrt{3}\,i$ を添加しておいて）θ を添加した段階で、方程式のガロア群は C_3 になっている。次も、$x^3-2=0$ と同様に $\tau=a+\omega b+\omega^2 c$ を添加する。なお、ここでは、1の3乗根 ω をあらかじめ「使ってよい数」に入れておく必要がある。$\omega=\dfrac{-1\pm\sqrt{3}\,i}{2}$ だから、ω を最初の段階で使ってよい数に入れておけば、さっき添加することにした $\sqrt{3}\,i$ はすでに入っていることになるので、あらかじめ、ω を最初の段階で「使ってよい数」に添加する、とした方が話としてはすっきりする。

ここで、$u=\dfrac{a+\omega b+\omega^2 c}{3}=\dfrac{\tau}{3}$、$v=\dfrac{a+\omega^2 b+\omega c}{3}$ とおくと、$u^3+v^3=-q$、$uv=-\dfrac{p}{3}$ となる。この計算はコラム（6.3）にまとめておこう。これから、u^3 と v^3 は、2次方程式 $X^2+qX-\left(\dfrac{p}{3}\right)^3$ の解であることがわかる。この2次方程式は、第1章で3次方程式の解の公式（6.9）を求める時に出てきた方程式（1.16）：$u^2+qu-\left(\dfrac{p}{3}\right)^3=0$ と同じである。

したがって、$u、v=\sqrt[3]{-\dfrac{q}{2}\pm\sqrt{\left(\dfrac{q}{2}\right)^2+\left(\dfrac{p}{3}\right)^3}}$ である。複号のうち、u がどちらになるかはわからないが、$\tau=3u$ から、$u=\dfrac{\tau}{3}$ であり、τ が使ってよい数になった時点で u

も使ってよい数になる。また、$uv=-\dfrac{p}{3}$ だから $v=-\dfrac{p}{\tau}$ と表されるので、v も使ってよい数になることがわかる。そしてこの時、3次方程式の解の公式 (6.9) は、

$$y = \sqrt[3]{-\frac{q}{2}+\sqrt{\left(\frac{q}{2}\right)^2+\left(\frac{p}{3}\right)^3}} + \sqrt[3]{-\frac{q}{2}-\sqrt{\left(\frac{q}{2}\right)^2+\left(\frac{p}{3}\right)^3}}$$

$$= \frac{\tau}{3} - \frac{p}{\tau}$$

と表される。つまり、方程式の解は、τ と方程式の係数との四則演算で計算される。まさに、ガロアの理論どおりである。

コラム (6.3) u^3+v^3 と uv の計算[7]

以下、$a+b+c=0$ と $1+\omega+\omega^2=0$ を何度も使う。

$$uv = \frac{1}{9}(a+\omega b+\omega^2 c)(a+\omega^2 b+\omega c)$$

$$= \frac{1}{9}\{a^2+b^2+c^2+(\omega+\omega^2)(ab+bc+ca)\}$$

$$= \frac{1}{9}\{(a+b+c)^2+(\omega+\omega^2-2)(ab+bc+ca)\}$$

$$= -\frac{1}{3}(ab+bc+ca) = -\frac{1}{3}p$$

u^3+v^3 の計算は、$u^3+v^3=(u+v)(u+\omega v)(u+\omega^2 v)$

---

[7] コラム (3.2) で $A=(3u)^3$、$B=(3v)^3$ に対して実質的に同じ計算をしているので、その結果からもわかる。

第6章 正規部分群と方程式の代数的解法

を使うと便利である；

$$u+v=\frac{1}{3}\{(a+\omega b+\omega^2 c)+(a+\omega^2 b+\omega c)\}$$

$$=\frac{1}{3}\{2a+(\omega+\omega^2)(b+c)\}$$

$$=\frac{1}{3}\{2a-(-a)\}=a$$

$$u+\omega v=\frac{1}{3}\{(a+\omega b+\omega^2 c)+\omega(a+\omega^2 b+\omega c)\}$$

$$=\frac{1}{3}\{2\omega^2 c+(1+\omega)(a+b)\}$$

$$=\frac{1}{3}\{2\omega^2 c-\omega^2(-c)\}=\omega^2 c$$

$$u+\omega^2 v=\frac{1}{3}\{(a+\omega b+\omega^2 c)+\omega^2(a+\omega^2 b+\omega c)\}$$

$$=\frac{1}{3}\{2\omega b+(1+\omega^2)(a+c)\}$$

$$=\frac{1}{3}\{2\omega b-\omega(-b)\}=\omega b$$

というわけで、$u^3+v^3=(u+v)(u+\omega v)(u+\omega^2 v)=a\cdot\omega^2 c\cdot\omega b=abc=-q$ となる。

第7章 方程式に関するガロア理論

 前章では、方程式のガロア群が性質（P）を持てば、その方程式は代数的に解くことができることを説明した。ガロアは逆に、考えている方程式を代数的に解くことができるならば、その方程式のガロア群は性質（P）を持ってしまうことも示した。その結果、5次以上の方程式には解の公式は存在しないことが導かれる。この章では以上のことを解説して、方程式が代数的に解ける条件に関するガロア理論の説明を完成させることにする。

7.1　5次対称群 S_5 をガロア群に持つ方程式

 次の5次方程式は代数的に解くことができるだろうか？

$$x^5 - 6x^4 + 8x^3 - 2 = 0 \qquad (7.1)$$

 これを考えるために、ガロア群を調べよう。方程式(7.1)は5個の解を持つ（重解がない）ことが知られているから、そのガロア群は5個の解の置換の集まりだ。

 実はコラム(7.1)にまとめた一般的な事実から、方程式(7.1)のガロア群は、5個の解の置換の全てを含み、5次

第7章 方程式に関するガロア理論

対称群 S_5 全体になることが知られている。

> **コラム（7.1）** 方程式（7.1）のガロア群は S_5 になる
>
> 一般に、次の形の方程式：
> $$x^3(x-2)(x-4)\cdots\{x-2(p-3)\}-2=0 \qquad (7.2)$$
> のガロア群は p 次対称群 S_p になることが知られている。ただし、p は奇素数（2以外の、3以上の素数）とする[1]。
>
> 方程式（7.1）は、
> $$\begin{aligned}x^5-6x^4+8x^3-2&=x^3(x^2-6x+8)-2\\&=x^3(x-2)(x-4)-2\end{aligned}$$
> となることから、(7.2) で $p=5$ とした場合になっているので、そのガロア群は S_5 になる。

それでは、性質（P）をチェックするために、S_5 の正規部分群を調べよう。

■5次対称群 S_5 の正規部分群

5次対称群 S_5 は、方程式（7.1）の5個の解の、全ての置換の集まりである。5個の解を以下 a、b、c、d、e とし、S_5 をガロア流で表すと、a、b、c、d、e の全ての順列からなる組 A となる。これには、

---
[1] 証明は、例えば、上野健爾著『代数入門』（岩波書店）演習問題6.6を見よ。

$$5!\ (5\,\text{の階乗})=5\times4\times3\times2\times1=120\,\text{個}$$

の順列が含まれている。

ところで、第2章で説明したとおり、置換は全て互換の積で書き表すことができる。その時、互換の個数が偶数か奇数かは置換によって決まっていて、偶数個の互換の積で書き表される置換が偶置換、奇数個の互換の積で書き表される置換が奇置換と呼ばれることを、第3章で説明した。

そこで、a、b、c、d、e の全ての順列を、次の図のとおり $abcde$ に偶置換を作用させて得られる順列の組 G と、奇置換を作用させて得られる順列の組 K に分ける。すると、全ての順列の組 A の、G と K への分割が、A の正規部分群を表す分割になるのである。

■正規部分群になることを確かめる（その0）

G と K への分割が、A の正規部分群を表すことを確かめよう。それには、第5章で説明した条件を確かめればよい。まとめると、以下の条件を確かめればよい：

(ア) G、K に含まれる順列の数が同じであること（部分群の定義 (5.6) の前提）；
(イ) 各組の順列の置換がどの順列から始めても同じで（各組が群になる条件、(5.6) の (a)）、それらの置換の集まりが G と K で共通 ((5.6) の (b))；
(ウ) G に入る順列に一斉に同じ置換を作用させて K の順列が全て得られる（正規部分群の定義 (5.7)）；

第 7 章　方程式に関するガロア理論

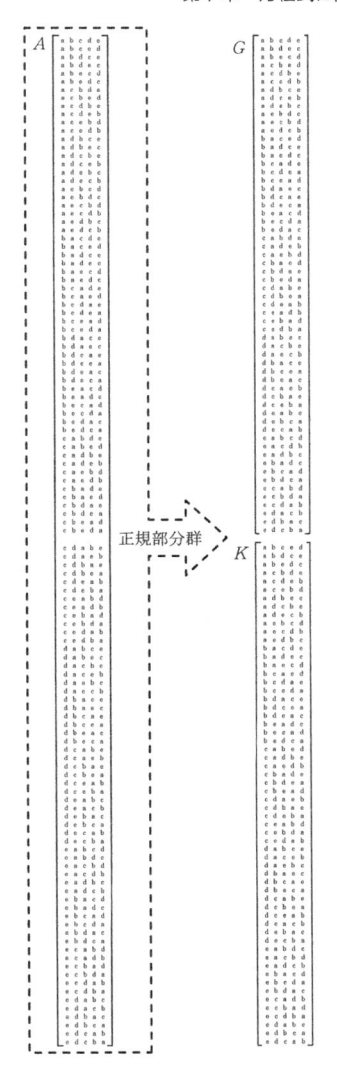

正規部分群

以上を、順に確かめよう。

■ **正規部分群になることを確かめる（その1）**

まず、(ア) を確かめよう。実際、G に含まれる順列の個数と K に含まれる順列の個数は等しい。特に、G と K に入る順列の数は、A に入る順列の半分の60個ずつである。

このことは、偶置換の数と奇置換の数が等しいことからわかる。それは、互換を1つ選んで（何でもよい！）S と書くことにすると、偶置換と S の積は奇置換になり、奇置換と S の積は偶置換になるからである。この S との積をとることで、偶置換と奇置換とが1対1に対応する。詳しくはコラム(7.2) にまとめる。

コラム (7.2) 偶置換の個数と奇置換の個数は同じであること

互換を1つ選んで（何でもよい！）S と書くことにする。このとき、以下が成り立つ：

① 偶置換と S の積は奇置換である；
② 奇置換と S の積は偶置換である；
③ 相異なる置換 T、R と S との積 TS と RS は、相異なる：なぜなら、$TS=RS$ だと仮定して S ともう1回積をとると、$(TS)S=(RS)S$ となるが、置換の積では結合法則が成り立つので、$(TS)S=T(SS)=TS^2$ となり、互換を2回続けるともとに

第7章 方程式に関するガロア理論

戻る、つまり $SS=S^2=I$ なので、$(TS)S=TS^2=T$、同様に $(RS)S=R$ となるから、$T=R$ となり、T、R が相異なるという前提に矛盾する（③の主張自体は、S がどんな置換であっても成り立つ）。

さて、n 次の偶置換の個数を a、n 次の奇置換の個数を b としよう。①と③を考え合わせると、全ての偶置換と S との積をとることで、a 個の相異なる奇置換を作ることができるから、奇置換の個数は偶置換の個数以上であること、すなわち、$a \leq b$ がわかる。同様に②と③を考え合わせると、$b \leq a$ がわかるので、結局 $a=b$ がわかる。

■ **正規部分群になることを確かめる（その2）**

次に、（イ）を確かめる。まず、G と K に入る順列の置換の集まりが何になるかを考えよう。

X を G に入る順列の1つとして、X は、$abcde$ に偶置換 S を作用させて得られたとしよう。S を互換の積に表してから、積の順番を逆にして積をとった置換を S^{-1} と書くと、順列 X に S^{-1} を作用させるともとの $abcde$ が得られることがわかる。S に対応するあみだくじのスタートとゴールを逆にしたものが S^{-1} だからだ。さらに、この2つをつなげばスタートとゴールは同じ線上になるから、S と S^{-1} の積は恒等置換になる。この S^{-1} のことを以下 S の逆置換と呼ぶことにする。S が偶置換なら S^{-1} も偶置換になる。

さて、G に入る別の順列 Y は、$abcde$ に偶置換 T を作用させて得られたとしよう。このとき、S^{-1} と T の積は、順列 X を Y に移す置換だ。S^{-1} と T の積は偶置換同士の積なので偶置換になる。以上をまとめると：

$$X = S(abcde),\ S^{-1}X = (abcde)\ \text{だから}$$
$$Y = T(abcde) = T(S^{-1}X) = (S^{-1}T)X$$

となる。したがって、A を G に入る順列に移す置換は偶置換になることがわかる。逆に A に偶置換 T を作用させて得られる順列は、$(abcde)$ に偶置換 ST を作用させて得られるから、G に入る。このことから A を G に入る順列に移す置換の全体は、偶置換の全体になることがわかる。A は G に入るどの順列でもよいから、G に入るどの順列から始めても、他の順列に移す置換の集まりはやはり偶置換の全体になることがわかるので、特に G がガロア流の群になることもわかる。

一方、K に入る順列の置換はどうなるだろうか。上と同様に考えていくと、K に入る順列同士は奇置換と奇置換の積で移り合うことがわかるが、それも偶置換である。結果的に K に入る順列の置換の全体も偶置換の全体となり、また K がガロア流の群になることもわかる。

■正規部分群になることを確かめる（その3）

これで、順列の置換の集まりは G と K とで同じことがわかったので、最後に（ウ）、すなわち G に入る順列に一斉に同じ置換を作用させて K の順列が全て得られることを確かめよう。その結果、順列の組 A の、G と K への分

第7章 方程式に関するガロア理論

割が、A の正規部分群を表すことがわかる。

これは、これまでの議論を利用すればわかるので、詳しくはコラム(7.3)にまとめて、先に進むことにする。

コラム (7.3)

互換を1つ選んで（何でもよい！）S と書くことにする。

さて、K に含まれる勝手な順列 X が、順列 $abcde$ に奇置換 T を作用させて得られるとしよう。つまり、

$$X = T(abcde)$$

とする。

そして、順列 $abcde$ に置換 TS を作用させて得られる順列を Y とする。つまり、

$$Y = (TS)(abcde)$$

とする。T と S の積 TS は、偶置換だから、Y は G に含まれる。

このとき、Y に S を作用させた順列 R はもとの P に他ならないことが次のようにしてわかる。実際、まず、

$$\begin{align} Y &= (TS)(abcde) \\ &\stackrel{\star}{=} S(T(abcde)) \\ &= S(X) \end{align}$$

となることがわかるから、

$$R = S(Y)$$
$$= S(S(X))$$
$$= S^2(X)$$

となるが、S は互換なので $S^2 = I$（恒等置換）となるので、

$$S^2(X) = X$$

となるからである。なお、☆の箇所の変形で、本書では置換の積を、後で作用させる置換を右に書く流儀を採用していることから、順番が入れ替わったことに注意してほしい。

つまり、K に入るどの順列 X も、G に入る適当な順列 Y（$= X$ に S を作用させた順列）に互換 S を作用させて得られることになり、この互換 S は、順列 X がどの順列であっても同じ互換でよい。

したがって、順列の組の G と K への分割は、A の正規部分群になることがわかる。

■交代群とは

上で登場した偶置換の全体は、5次交代群と呼ばれ、記号で A_5 と表される。偶数＋偶数は、偶数だ。上でも説明したが、偶置換と偶置換の積は偶置換だから、偶置換の全体は置換の積で閉じている。したがって、偶置換の全体は5次対称群 S_5 の、2.3節で説明した置換群としての部分群になる。

第7章 方程式に関するガロア理論

一般に、n 個の文字の全ての置換の集まりは n 次対称群と呼ばれ、記号 S_n で表される。そのうち、偶置換の集まりは n 次交代群と呼ばれ、記号 A_n で表される。A は、alternating の頭文字で、「交代」はその訳である。

■方程式（7.1）のガロア群にはユニット・ガロア理論を適用できる

順列の組 G に含まれる順列の数は、A に含まれる順列の数の半分、つまり2分の1で2は素数だから、方程式（7.1）のガロア群には前章で説明したユニット・ガロア理論を適用できることがわかる。すなわち、方程式（7.1）の係数から四則演算で計算されるある数のべき根（2分の1だから、実際には平方根）を「使ってよい数（0）」に添加すると、新しい「使ってよい数」に対する方程式（7.1）のガロア群は、ガロア流で表すと G になる。順列の組の中の置換の集まりとしては、方程式のガロア群が S_5 だったものが、A_5 になったのだ。

したがって、方程式が代数的に解けるかどうかを突き止めるためには、次は G の正規部分群を探すことになる。

■交代群には自明な正規部分群しかない

実は、G の正規部分群は、ガロア流では、次の図のとおり全ての順列をバラバラにしたものしか存在しないことが知られている。順列の組の中の置換の集まりとしては、恒等置換 I 1つだけからなる群だ。つまり、5次交代群 A_5 には自明な正規部分群しかないのだ。

この A_5 のような群は「**単純群**」と呼ばれる。A_5 に限

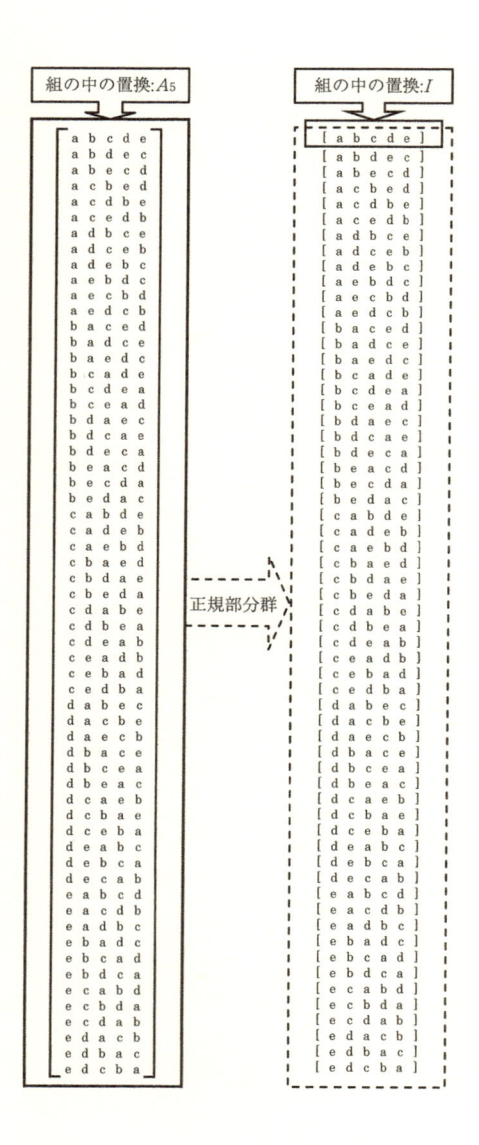

組の中の置換: A_5	組の中の置換: I
[a b c d e] [a b d e c] [a b e c d] [a c b e d] [a c d b e] [a c e d b] [a d b c e] [a d c e b] [a d e b c] [a e b d c] [a e c b d] [a e d c b] [b a c e d] [b a d c e] [b a e d c] [b c a d e] [b c d e a] [b c e a d] [b d a e c] [b d c a e] [b d e c a] [b e a c d] [b e c d a] [b e d a c] [c a b d e] [c a d e b] [c a e b d] [c b a e d] [c b d a e] [c b e d a] [c d a b e] [c d b e a] [c d e a b] [c e a d b] [c e b a d] [c e d b a] [d a b e c] [d a c b e] [d a e c b] [d b a c e] [d b c e a] [d b e a c] [d c a e b] [d c b a e] [d c e b a] [d e a b c] [d e b c a] [d e c a b] [e a b c d] [e a c d b] [e a d b c] [e b a d c] [e b c a d] [e b d c a] [e c a b d] [e c b d a] [e c d a b] [e d a c b] [e d b a c] [e d c b a]	[a b c d e] [a b d e c] [a b e c d] [a c b e d] [a c d b e] [a c e d b] [a d b c e] [a d c e b] [a d e b c] [a e b d c] [a e c b d] [a e d c b] [b a c e d] [b a d c e] [b a e d c] [b c a d e] [b c d e a] [b c e a d] [b d a e c] [b d c a e] [b d e c a] [b e a c d] [b e c d a] [b e d a c] [c a b d e] [c a d e b] [c a e b d] [c b a e d] [c b d a e] [c b e d a] [c d a b e] [c d b e a] [c d e a b] [c e a d b] [c e b a d] [c e d b a] [d a b e c] [d a c b e] [d a e c b] [d b a c e] [d b c e a] [d b e a c] [d c a e b] [d c b a e] [d c e b a] [d e a b c] [d e b c a] [d e c a b] [e a b c d] [e a c d b] [e a d b c] [e b a d c] [e b c a d] [e b d c a] [e c a b d] [e c b d a] [e c d a b] [e d a c b] [e d b a c] [e d c b a]

正規部分群

第7章　方程式に関するガロア理論

らず、nが5以上の時、n次交代群A_nは全て単純群であることが知られている。

■ Gにはユニット・ガロア理論を適用できない

　先に調べたとおり、Gには60個の順列が含まれている。一方、Iには恒等置換1つしか入っていないから、その位数は1だ。

　Gにユニット・ガロア理論を適用して成功する条件は、この2つの数の比が素数になることだ。しかし、60は素数ではない。

　したがって、方程式（7.1）を代数的に解くことはできない。

　あるいは、「ガロアの主定理ハーフ」（6.7）の言葉を使えば、ガロア群Gは性質（P）を持たない。詳しくは、順列の組の列：

$$A, G, [abcde] \quad (7.3)$$

は、正規列だが、性質（P）が成り立たない。だから、方程式（7.1）を代数的に解くことはできないのである。

7.2　ガロアの主定理フル

　しかし、前節の説明をもって「方程式（7.1）を代数的に解くことはできない」と、言い切ることはできない。どうしてなのか？

■ 他の部分群の列を考えたら

　その理由は、例えばAの正規部分群として、最初にG

以外の別の群 G' を選んで、それから始めて、正規列：

$$G_0 = A, G_1 = G', \cdots, G_r = \{1\text{つだけの順列}\}$$

で、性質 (P)、すなわち、$i=1,\cdots,r$ について各 G_i の位数は、G_{i-1} の位数の素数分の1であるようなものが見つかったとすると、前章で説明した「ガロアの主定理ハーフ」から、方程式 (7.1) は、代数的に解けることになってしまうからだ。

ところが、性質 (P) を持つ正規列では、各段階の順列の組 G_{i-1} と次の G_i の間には、他の正規部分群を表す順列の組はないという性質を持つ。この性質を持つ正規列を「**組成列**」と呼ぶことにすると、性質 (P) を持つ正規列は組成列であると言うことができる。

組成列は、可能な限り長くなるように作った正規列なので、実はどのように作っても本質的に同じものができることが知られている。つまり、列の長さと、各段階の順列の数の比 $p(k)$ の全体は、どのような組成列に対しても同じになるのだ。詳しく書くと、組成列：

$$G_0, G_1, G_2, \cdots, G_r = \{1\text{つだけの順列}\}$$

に対して以下が成り立つことが知られている：

（1）その長さ r は組成列によらず同じで；
（2）G_{i-1} と G_i の位数の比 $p(i)$ の全体 $\{p(1), \cdots, p(r)\}$ も組成列によらず常に同じである。

これは、後にジョルダン（Camille Jordan：フランスの

数学者 1838〜1922）によって証明された事実を、ガロア流に述べたものである。ガロアの死後のことだから、ここでは事実を述べるに止める。

順列の組の列 (7.3)：$A, G, [abcde]$ も組成列である。そして、$r=2, \{p(1), p(2)\} = \{2, 60\}$ である。これはどのような組成列に対しても共通だから、方程式 (7.1) のガロア群は性質 (P) を持ち得ないことがわかる。

■逆命題が正しいことはまだ示されていない

さらに、前章で説明した「ガロアの主定理ハーフ」は、ある方程式に対して：

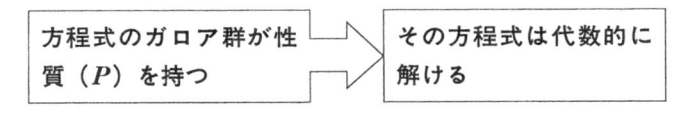

| 方程式のガロア群が性質 (P) を持つ | ⟹ | その方程式は代数的に解ける |

と言ってはいるが、その裏命題の：

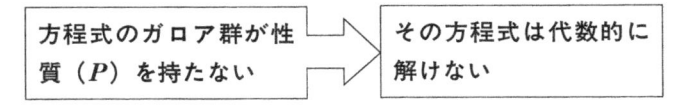

| 方程式のガロア群が性質 (P) を持たない | ⟹ | その方程式は代数的に解けない |

が正しいかどうかはわからない。前節の説明で、方程式 (7.1) が代数的に解けないと断定するためには、この裏命題が正しくなくてはならない。

はたして正しいのだろうか？

それを確かめるには、この裏命題の対偶：

> その方程式のガロア群が性質（P）を持つ ⇐ 方程式は代数的に解ける　　(7.4)

の真偽を確かめればよい。この命題が正しければ、先の裏命題も正しいが、この命題は、もともとの命題の逆命題である。以下、(7.4) を逆命題と呼ぶ。

　ガロアによると、この逆命題は、正しい。したがって、前節の説明から、方程式 (7.1) は代数的に解けないと断定してよいのだ。

■解を代数的に表す式と、ガロア群の列

　逆命題の真偽について考えよう。

　方程式が代数的に解けるとは、「方程式の解を、方程式の係数から出発して、四則演算とべき根をとる操作を組み合わせて計算することができる」ことだった。

　例えば、2次方程式や3次方程式の解の公式を用いた計算を思い浮かべると、この計算の途中でいろいろな数が計算される。これらを、最初の「使ってよい数（$\mathbb{Q}$）」から始めて「使ってよい数」に順に添加し、その時々の方程式のガロア群を求める。すると、最初の「使ってよい数（$\mathbb{Q}$）」に対するガロア群（を表す順列の組）を G とするとき、順列の組の列：

$$G_0 = G, G_1, G_2, \cdots, G_r = \{順列1つだけ\} \qquad (7.5)$$

が得られる。最後の段階では、方程式の解はその時の「使ってよい数」に入っているのだから、最後の G_r は、

第7章 方程式に関するガロア理論

順列1つだけの組である。G から G_r までの途中の変化はどうなるだろうか？

各段階での計算は、四則演算かべき根をとるかだ。その段階の「使ってよい数」同士の四則演算で計算される数は、すでに「使ってよい数」の中に入っているから、それを「使ってよい数」に添加しても変化はない。だから、「使ってよい数」が変化する可能性があるのは、ある「使ってよい数」a のべき根 b を「使ってよい数」に添加した時だ。方程式のガロア群が変化する可能性があるのも、その時だけである。

■べき根を添加した時のガロア群の変化

この時、以下が成り立つことを、ガロアは示した：

> **べき根を添加した時のガロア群の変化 （7.6）**
>
> p を素数として、ある「使ってよい数」の p 乗根を「使ってよい数」に添加した場合、ガロア群の変化は、以下のいずれかである：
> ① 変化しない；
> ② 新しいガロア群 H は、もとのガロア群 G の正規部分群（を表す分割の組の1つ）になり、この時 H に含まれる順列の数は、G に含まれる順列の数の p 分の1になる。

証明は詳しく説明しないが、第6章で方程式 (5.1)：$x^3-2=0$ のガロア群を求めた時の説明（6.2節）を思い出して、納得してもらうことにしよう。この時、まず

$x^2+432=0$ の解 θ を「使ってよい数（$\mathbb{Q}$）」に添加した。その結果、ガロア群はもとのガロア群の正規部分群の組の1つになり、順列の数は6から3へと2分の1になった。この「2」は、方程式 $x^2+432=0$ の次数であり、(7.6) の②が $p=2$ として確かに成り立っている。

次に、$x^3-54=0$ の解 τ を添加し、ガロア群は順列1つだけからなる組になった。順列1つからなる組は、いつでももとの群の正規部分群を表す分割の組の1つである。そして、位数は3から1へと、3分の1になった。この3は方程式 $x^3-54=0$ の次数であり、ここでも (7.6) の②が $p=3$ として確かに成り立っている。

■逆命題は正しい

素数とは限らない n に対しても、n を素因数分解して考えると、n 乗根の添加は素数乗根を繰り返し添加することと同じことだから、その時のガロア群の変化は (7.6) を繰り返したものになる。

例えば、a の12乗根は、a の2乗根の2乗根の3乗根なので、12乗根を追加するステップは、2乗根を2回と、3乗根を1回添加するステップに分解されるからだ。

したがって、(7.6) から、方程式が代数的に解ける時、ガロア群の列 (7.5) は性質 (P) を持つことがわかる。つまり、$i=1,\cdots,r$ について、G_i は、G_{i-1} の正規部分群で、各 G_i の位数は、G_{i-1} の位数の素数分の1となるのだ。

このようにして、逆命題が正しいことがわかった。

第7章 方程式に関するガロア理論

■逆命題と1の p 乗根

逆命題が成り立つのは（7.6）が成り立つからだが、ここで実は1つ仮定が必要である。それは、

> 1の p 乗根が「使ってよい数」である　　　（7.6 ½）

と仮定する必要があるのだ。

しかしこのように仮定しても、問題の方程式が代数的に解けるかどうかという性質は変わらない。1の p 乗根は常に有理数から代数的に計算できることが、アーベルやガロアの研究以前に、すでにガウスによって発見されているからだ。

方程式 $x^3-2=0$ のガロア群を求めた時、仮定（7.6 ½）

ガウス（1777～1855、ドイツ）
本書で登場した業績として、代数方程式の解の存在や
1のべき根が代数的に表されることを証明した

は成り立っていただろうか？ 実は、以下のとおり半ば自然に成り立っていたのだ。最初添加した θ は、2次方程式 $x^2+432=0$ の解だった。ここで仮定（7.6 ½）が成り立つためには、1の2乗根が必要だが、これは（-1）で有理数だから「使ってよい数（0）」である。次に添加した τ は、3次方程式 $x^3-54=0$ の解だったから、仮定（7.6 ½）が成り立つためには、1の3乗根 ω が必要だが、これは $x^2+432=0$ の解 θ を添加した時に $\omega=-\frac{1}{2}\pm\frac{\theta}{24}$ と表されるので、「使ってよい数（1）」になっていたのだ。

なお、方程式 $x^3-2=0$ のガロア群を求める時に、最初から1の3乗根 ω が「使ってよい数」であることを仮定すると、ユニット・ガロア理論を適用する第1回目のステップは不要[2]で、2回目だけを適用することになる。いずれにしろ、$x^3-2=0$ が代数的に解けることには変わりがない。

■ガロア理論の主定理フル

以上から、方程式が代数的に解けることと、その方程式のガロア群が性質（P）を持つこととは、ぴったり一致することになる。

この主張を、ガロアの主定理フル[3]としてまとめておこう：

---

[2] θ が「使ってよい数」になるからである。
[3] やっぱり本書だけの言葉で、本書以外では通用しないので、ご注意。

第7章 方程式に関するガロア理論

> **ガロアの主定理フル（7.7）**
>
> 方程式のガロア群の正規列：
>
> G_0（＝方程式のガロア群を表す解の順列の組），$G_1, G_2, \cdots, G_{r-1}, G_r$（＝解の順列1つだけからなる組）
>
> で、以下の性質（P）を持つものがある時、その方程式は代数的に解くことができる：
>
> **性質（P）**
>
> $i=1, 2, \cdots, r$ に対して、G_i に含まれる置換の個数は、G_{i-1} に含まれる順列の個数の、素数分の1である。
>
> 逆に、代数的に解くことのできる方程式に対して、上の性質（P）を持つ方程式のガロア群の正規列が存在する。

7.3 ガロアの主定理フルの応用例

ついにガロアの主定理フルに到達した。ここからは、その代表的な応用例を紹介して、ガロアの発見の威力を観賞しよう。

7.3.1 正多角形の作図とガロア理論

まずは、1のべき根の方程式を考える。この方程式は、正多角形を定規とコンパスだけで作図できるかどうかに関

わる方程式である。

■1のべき根の方程式

p を素数として、1の p 乗根 ζ を解に持つ方程式を考えよう。

この方程式は

$$X^p - 1 = 0$$

で、$X=1$ を解に持つことから

$$X^p - 1 = (X-1)(X^{p-1} + X^{p-2} + \cdots + X + 1)$$

と因数分解できる。したがって、1以外の p 乗根 ζ は、方程式：

$$X^{p-1} + X^{p-2} + \cdots + X + 1 = 0 \qquad (7.8)$$

を満たす。この方程式 (7.8) の左辺の多項式 $X^{p-1} + X^{p-2} + \cdots + X + 1$ は、円分多項式と呼ばれる。名前の由来は、この方程式の解が、後で見るように円の等分点になっていることからきている。

方程式 (7.8) のガロア群を求めてみよう。

■ $p=3$ の場合のガロア群

例えば、$p=3$ の場合を考えてみよう。

1の3乗根のうち1でないものの1つを ω と書くと、ω^2 も $X^3-1=0$ を満たすので、方程式 $X^2+X+1=0$ の解は、ω と ω^2 だ。ガロア群は、これら2個の解の置換からなる。2個のものの置換は、入れ替えるか、入れ替えない

第 7 章　方程式に関するガロア理論

かしかない。もし、方程式 $X^2+X+1=0$ のガロア群が「入れ替えない置換＝恒等置換」だけだったら、これまでの議論と同様、ω は有理数でなくてはならない。しかし、ω は有理数ではないので、方程式 $X^2+X+1=0$ のガロア群は 2 個のものの置換を全て、と言っても 2 個だが、それらを含むことがわかった。第 2 章の言葉ではこれは 2 次対称群 S_2 だが、同時に、これは 2 次巡回群 C_2 と同じでもある。ガロア流では：

$$\begin{bmatrix} \omega & \omega^2 \\ \omega^2 & \omega \end{bmatrix} \quad (7.9)$$

となる。

■一般の場合

一般の場合にも、1 の p 乗根のうち 1 でないものの 1 つを ζ で表すと、$\zeta^2, \cdots, \zeta^{p-2}, \zeta^{p-1}$ も $X^p-1=0$ を満たすので、これらが、$X^{p-1}+X^{p-2}+\cdots+X+1=0$ の解の全てとなることがわかる。

それらと 1 を複素数平面にプロットすると、次の図のとおり正 p 角形の頂点になり、これから方程式 (7.8) の解は、三角関数を使って：

$$\cos 2\pi \frac{k}{p} + \sqrt{-1} \cdot \sin 2\pi \frac{k}{p} \quad (k=0,1,2,\cdots,p-1)$$

と書くことができることもわかる。

したがって、方程式 (7.8) のガロア群は、$\zeta, \zeta^2, \cdots, \zeta^{p-2}, \zeta^{p-1}$ の置換全部の群である。$(p-1)$ 次対称群 S_{p-1}

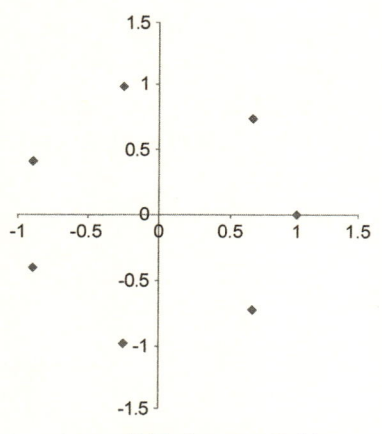

1 の p 乗根（$p=7$ の場合）

の部分群になるが、p が素数の場合は、ガロア流で書くと：

$$\begin{bmatrix} \zeta & \zeta^2 & \cdots & \zeta^{p-2} & \zeta^{p-1} \\ \zeta^2 & \zeta^{2\cdot 2} & \cdots & \zeta^{2(p-2)} & \zeta^{2(p-1)} \\ \vdots & & \cdots & & \vdots \\ \zeta^k & \zeta^{k\cdot 2} & \cdots & \zeta^{k(p-2)} & \zeta^{k(p-1)} \\ \vdots & & \cdots & & \vdots \\ \zeta^{p-1} & \zeta^{(p-1)\cdot 2} & \cdots & \zeta^{(p-1)(p-2)} & \zeta^{(p-1)(p-1)} \end{bmatrix} \quad (7.10)_p$$

となることがわかる。確かに、$p=3$、$\zeta=\omega$ とすると $(7.10)_3$ は (7.9) に一致する。

実は、$(7.10)_p$ の行の間の置換の1つ（S と書く）を上手く選ぶと、$(7.10)_p$ の行の間の置換の全体は $\{S, S^2, \cdots, S^{p-2}, I\}$ となることがわかる。これは、第2章

第7章 方程式に関するガロア理論

で説明した巡回群 C_{p-1} だ。方程式 (7.8) のガロア群は、巡回群 C_{p-1} となるのだ。

例として、$p=5$ の場合を考える。煩雑なので、途中から ζ の指数だけ書くことにすると、$(7.10)_5$ は：

$$\begin{bmatrix} \zeta & \zeta^2 & \zeta^3 & \zeta^4 \\ \zeta^2 & \zeta^{2\cdot 2} & \zeta^{2\cdot 3} & \zeta^{2\cdot 4} \\ \zeta^3 & \zeta^{3\cdot 2} & \zeta^{3\cdot 3} & \zeta^{3\cdot 4} \\ \zeta^4 & \zeta^{4\cdot 2} & \zeta^{4\cdot 3} & \zeta^{4\cdot 4} \end{bmatrix} = \begin{bmatrix} \zeta & \zeta^2 & \zeta^3 & \zeta^4 \\ \zeta^2 & \zeta^4 & \zeta & \zeta^3 \\ \zeta^3 & \zeta & \zeta^4 & \zeta^2 \\ \zeta^4 & \zeta^3 & \zeta^2 & \zeta \end{bmatrix} = \begin{bmatrix} 1 & 2 & 3 & 4 \\ 2 & 4 & 1 & 3 \\ 3 & 1 & 4 & 2 \\ 4 & 3 & 2 & 1 \end{bmatrix}$$

となる。$S=(1243)$ とすると、行の間の置換は全て S^i と書けることがわかる。

■ガロア理論と正多角形の作図

読者は、定規とコンパスだけで正3角形を作図したことがおありだろう。中には、正5角形を作図したことがある人もいるかもしれない。しかし、正17角形も作図できると言ったら驚くだろうか？ これは、ガウスが19歳まであと1ヵ月の1796年3月30日に発見した事実である[4]。彼は、このできごとがきっかけとなって、数学を専門にすることにしたと言われている。

これらの、3、5、17は全て、素数で $p=2^n+1$ と書ける。実際、$n=1$ とすると3、$n=2$ とすると5、$n=4$ とすると17となる。しかし、$n=3$ の時は9となり、素数ではない。

これらの $p=3$、5、17に対して、正 p 角形が作図でき

---
[4] この逸話は有名で、高木貞治著『近世数学史談』（岩波文庫）では冒頭におかれている。

ることは、方程式（7.8）のガロア群を見るとわかるのである。

■方程式（7.7）のガロア群の正規列

これは、方程式（7.8）のガロア群 $(7.10)_p$ を G と書くと、G は正規列：

$$G = G_0, G_1, G_2, \cdots, G_{k-1}, G_k$$

で、以下を満たすものを持つことからわかる：

・G_i の位数（含まれる順列の数）は、G_{i-1} の位数の半分、つまり2分の1である（したがって、G_i の位数 $= 2^{k-i}$ がわかる。また、この条件から、G_i は、G_{i-1} の正規部分群を表す分割の組の1つであることもわかるので、正規列との仮定は不要だ）。

例えば、$p=17$（$k=4$）の場合の例を次の図に示す。ただし、ζ の指数部分だけを示している。もちろんこれは、図の右端に示すとおり、

$$S = (1\ 3\ 9\ 10\ 13\ 5\ 15\ 11\ 16\ 14\ 8\ 7\ 4\ 12\ 2\ 6)$$

とすると、$(7.10)_p$ の行の間の置換の全体が $\{S, S^2, \cdots, S^{p-2}, I\}$ という形に表されることに対応している。

2は素数だから、G が次々に位数が半分となる正規列を持つことから、ユニット・ガロア理論を繰り返すことで方程式のガロア群は順列を1つだけ含むものに縮めることができることがわかる。

このことは、1の p 乗根が代数的に求まることを示しているが、ユニット・ガロア理論を見ると、その際付け加

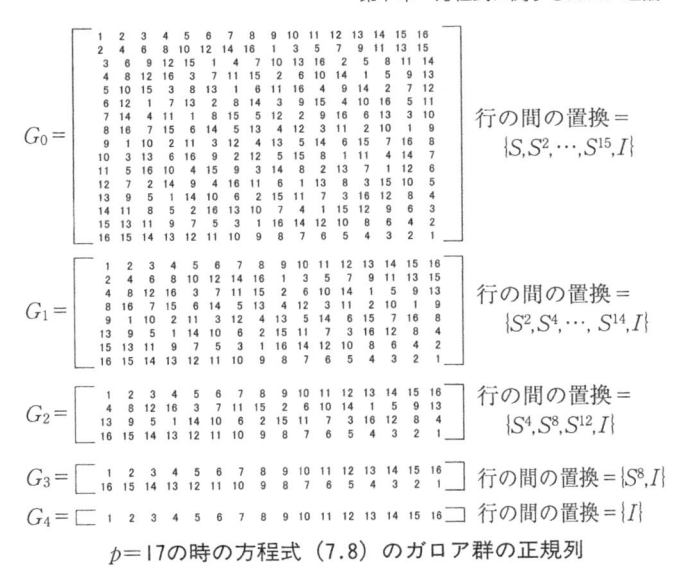

$G_0 = \begin{bmatrix} 1 & 2 & 3 & 4 & 5 & 6 & 7 & 8 & 9 & 10 & 11 & 12 & 13 & 14 & 15 & 16 \\ 2 & 4 & 6 & 8 & 10 & 12 & 14 & 16 & 1 & 3 & 5 & 7 & 9 & 11 & 13 & 15 \\ 3 & 6 & 9 & 12 & 15 & 1 & 4 & 7 & 10 & 13 & 16 & 2 & 5 & 8 & 11 & 14 \\ 4 & 8 & 12 & 16 & 3 & 7 & 11 & 15 & 2 & 6 & 10 & 14 & 1 & 5 & 9 & 13 \\ 5 & 10 & 15 & 3 & 8 & 13 & 1 & 6 & 11 & 16 & 4 & 9 & 14 & 2 & 7 & 12 \\ 6 & 12 & 1 & 7 & 13 & 2 & 8 & 14 & 3 & 9 & 15 & 4 & 10 & 16 & 5 & 11 \\ 7 & 14 & 4 & 11 & 1 & 8 & 15 & 5 & 12 & 2 & 9 & 16 & 6 & 13 & 3 & 10 \\ 8 & 16 & 7 & 15 & 6 & 14 & 5 & 13 & 4 & 12 & 3 & 11 & 2 & 10 & 1 & 9 \\ 9 & 1 & 10 & 2 & 11 & 3 & 12 & 4 & 13 & 5 & 14 & 6 & 15 & 7 & 16 & 8 \\ 10 & 3 & 13 & 6 & 16 & 9 & 2 & 12 & 5 & 15 & 8 & 1 & 11 & 4 & 14 & 7 \\ 11 & 5 & 16 & 10 & 4 & 15 & 9 & 3 & 14 & 8 & 2 & 13 & 7 & 1 & 12 & 6 \\ 12 & 7 & 2 & 14 & 9 & 4 & 16 & 11 & 6 & 1 & 13 & 8 & 3 & 15 & 10 & 5 \\ 13 & 9 & 5 & 1 & 14 & 10 & 6 & 2 & 15 & 11 & 7 & 3 & 16 & 12 & 8 & 4 \\ 14 & 11 & 8 & 5 & 2 & 16 & 13 & 10 & 7 & 4 & 1 & 15 & 12 & 9 & 6 & 3 \\ 15 & 13 & 11 & 9 & 7 & 5 & 3 & 1 & 16 & 14 & 12 & 10 & 8 & 6 & 4 & 2 \\ 16 & 15 & 14 & 13 & 12 & 11 & 10 & 9 & 8 & 7 & 6 & 5 & 4 & 3 & 2 & 1 \end{bmatrix}$ 行の間の置換 = $\{S, S^2, \cdots, S^{15}, I\}$

$G_1 = \begin{bmatrix} 1 & 2 & 3 & 4 & 5 & 6 & 7 & 8 & 9 & 10 & 11 & 12 & 13 & 14 & 15 & 16 \\ 2 & 4 & 6 & 8 & 10 & 12 & 14 & 16 & 1 & 3 & 5 & 7 & 9 & 11 & 13 & 15 \\ 4 & 8 & 12 & 16 & 3 & 7 & 11 & 15 & 2 & 6 & 10 & 14 & 1 & 5 & 9 & 13 \\ 8 & 16 & 7 & 15 & 6 & 14 & 5 & 13 & 4 & 12 & 3 & 11 & 2 & 10 & 1 & 9 \\ 9 & 1 & 10 & 2 & 11 & 3 & 12 & 4 & 13 & 5 & 14 & 6 & 15 & 7 & 16 & 8 \\ 13 & 9 & 5 & 1 & 14 & 10 & 6 & 2 & 15 & 11 & 7 & 3 & 16 & 12 & 8 & 4 \\ 15 & 13 & 11 & 9 & 7 & 5 & 3 & 1 & 16 & 14 & 12 & 10 & 8 & 6 & 4 & 2 \\ 16 & 15 & 14 & 13 & 12 & 11 & 10 & 9 & 8 & 7 & 6 & 5 & 4 & 3 & 2 & 1 \end{bmatrix}$ 行の間の置換 = $\{S^2, S^4, \cdots, S^{14}, I\}$

$G_2 = \begin{bmatrix} 1 & 2 & 3 & 4 & 5 & 6 & 7 & 8 & 9 & 10 & 11 & 12 & 13 & 14 & 15 & 16 \\ 4 & 8 & 12 & 16 & 3 & 7 & 11 & 15 & 2 & 6 & 10 & 14 & 1 & 5 & 9 & 13 \\ 13 & 9 & 5 & 1 & 14 & 10 & 6 & 2 & 15 & 11 & 7 & 3 & 16 & 12 & 8 & 4 \\ 16 & 15 & 14 & 13 & 12 & 11 & 10 & 9 & 8 & 7 & 6 & 5 & 4 & 3 & 2 & 1 \end{bmatrix}$ 行の間の置換 = $\{S^4, S^8, S^{12}, I\}$

$G_3 = \begin{bmatrix} 1 & 2 & 3 & 4 & 5 & 6 & 7 & 8 & 9 & 10 & 11 & 12 & 13 & 14 & 15 & 16 \\ 16 & 15 & 14 & 13 & 12 & 11 & 10 & 9 & 8 & 7 & 6 & 5 & 4 & 3 & 2 & 1 \end{bmatrix}$ 行の間の置換 = $\{S^8, I\}$

$G_4 = \begin{bmatrix} 1 & 2 & 3 & 4 & 5 & 6 & 7 & 8 & 9 & 10 & 11 & 12 & 13 & 14 & 15 & 16 \end{bmatrix}$ 行の間の置換 = $\{I\}$

$p=17$ の時の方程式(7.8)のガロア群の正規列

えるべき根は、どれも平方根である。

与えられた長さの平方根を求めることは、(目盛りのない)定規とコンパスだけを使って常に可能なので、1の p 乗根を平面上に作図することは可能なことがわかるのだ[5]。

■フェルマ素数

2^n+1 の形の数が素数になるのは、実は n に奇数の素因数がない場合、つまり、$n=2^k$ と書けている場合である。

実際、n が奇素数を約数に持ったとすると $n=ml$ (た

---

[5] 詳しくは第4章でも紹介した『角の三等分』(矢野健太郎著)等をご覧いただきたい。

だし l は3以上の奇数）と書けるので、

$$2^{ml}+1 = (2^m)^l + 1$$
$$= (2^m+1)\{(2^m)^{l-1} - (2^m)^{l-2} + \cdots + (2^m)^2 - 2^m + 1\}$$

となって、2^n+1 は 2^m+1 を約数に持つことがわかり、2^n+1 は素数ではない。

この $2^{2^k}+1$ と書ける素数は、フェルマ素数と呼ばれる。順に $k=0$ の時3、$k=1$ の時5、$k=2$ の時17となっている。フェルマ素数 p に対しては、正 p 角形は作図できるのだ。17の次のフェルマ素数は257（$k=3$）で、正257角形の作図法は、リヒェロット（Richelot）により1832年に発表されている。次は、65537（$k=4$）で、作図法を構成したヘルメス（Hermes）の原稿がゲッティンゲン大学に保管されている[6]そうだ。その次の4294967297（$k=5$）は、素数ではないことがオイラーによって発見されている。この時は、この項の説明は通用しない。実際、641×6700417と分解される。実は、$k=4$ の次のフェルマ素数は、まだ見つかっていない。

■作図できる正 n 角形

一般には、正 n 角形がコンパスと定規で作図できるのは、$n=2^m p_1 \cdots p_n$ という形に書けるときに限ることが、ガロアの理論が知られる前にガウスによって発見されている。ここで、$p_1, \cdots, p_n$ は全て異なるフェルマ素数を表す。

---

[6] F. ル・リヨネ著、滝沢清訳『何だ この数は？』（東京図書）の65537の項による。

第7章 方程式に関するガロア理論

この項の説明を繰り返し用いることで、ガロアの理論を使うと、上のようにすっきりとガウスの発見を理解することができるのだ。

7.3.2 解の公式のガロア理論

これまでガロア群を計算した方程式の係数は、有理数だった。ガロア理論は、係数が文字式の方程式でも通用する。そして、係数が文字式の方程式を考えることで、解の公式が得られるかどうかを調べることができる。以下で、このことについて簡単に説明しよう。

■一般方程式と解の公式

考える方程式は：

$$X^n - s_1 X^{n-1} + \cdots + (-1)^n s_n = 0 \qquad (7.11)$$

である。ただし、左辺は、$(X-x_1) \cdots (X-x_n)$ を展開したものだ。この方程式の解は $x_1, x_2, \cdots, x_n$ だ。これを展開すれば、$s_1, \cdots, s_n$ と $x_1, x_2, \cdots, x_n$ の関係がわかる。これらの関係式が、解と係数の関係式と呼ばれるものである。例えば、$s_1 = x_1 + x_2 + \cdots + x_n$ とか、$s_n = x_1 \cdot x_2 \cdot \cdots \cdot x_n$ だ。ただし、$s_1, \cdots, s_n$ は、適宜係数とは符号が変えてある。これらは、第3章で登場した、$x_1, x_2, \cdots, x_n$ の基本対称式である。

方程式 (7.11) は「一般方程式」と呼ばれる。この方程式を代数的に解くことができる、すなわち、解 $x_1, \cdots, x_n$ を、方程式の係数 $s_1, \cdots, s_n$ の代数的な式で表すことができるなら、それが n 次方程式の「代数的な解の公式」に

他ならない。2次方程式や3次方程式に対する解の公式がその例である。$n=1, 2, 3, 4$ の時、一般方程式は代数的に解けるわけだ。そして、$n \geq 5$ の時に代数的に解けるかどうかが、多くの数学者を悩ましたのである。

■一般方程式のガロア群

　この方程式の係数は文字だが、これまでと同様にガロア群を求めることができる。最初の「使ってよい数（0）」は、$s_1, \cdots, s_n$ の有理式ということになる。分母、分子の係数は、有理数や複素数など、四則演算ができる数の集まりならどれにしておいても構わないが、有理数と考えていればよい。注意することは、この「使ってよい数（0）」に $s_1, \cdots, s_n$ を表す $x_1, \cdots, x_n$ の式は含まれているが、$x_1, \cdots, x_n$ 自身は含まれていないことだ。

　第3章で説明した対称式の基本定理から、$x_1, x_2, \cdots, x_n$ の有理式が基本対称式の四則演算で表されるのは、その式が $x_1, x_2, \cdots, x_n$ の全ての置換で不変な場合で、その時に限ることがわかる。したがって、方程式（7.11）のガロア群は、$x_1, x_2, \cdots, x_n$ の置換全部の群である n 次対称群 S_n になることがわかる。

■5次以上の方程式の解の公式

　そして、n が5以上の時は、方程式（7.1）のガロア群と同様、S_n は次の組成列を持つことがわかる：

　　$\{x_1, x_2, \cdots, x_n$ の全ての順列$\}$,
　　$\{x_1 x_2 \cdots x_n$ に偶置換を作用させて得られる順列$\}$,

第7章　方程式に関するガロア理論

$[x_1 x_2 \cdots x_n]$

順列の間の置換で考えると、S_n、A_n、I である。

このとき、それぞれの組に含まれる順列の数は、順に、$n!$、$\dfrac{n!}{2}$、1 だ。ここで、前の2数の比は2で素数だが、後の2数の比 $\dfrac{n!}{2}$ は $n \geq 5$ の時、$\dfrac{n!}{2} = n(n-1)\cdots 3$ となり、素数ではない。したがって、ガロアの主定理フルから、解を代数的に求めることはできないことになる。

なお、第1章で説明したとおり、5次以上の代数方程式の解の公式は存在しないこと自体は、ガロアより先にアーベルにより示された[7]。ガロアは、ここで説明した「一般方程式」に限らず、どんな方程式に対しても通用する、その方程式が代数的に解けるかどうかの判定法を見出したのである。

---

[7] その証明は、例えば、次の本を見よ：
・ピーター・ペジック著『アーベルの証明』(日本評論社)
・上野健爾著『代数入門』(岩波書店)
・高木貞治著『代数学講義』(共立出版)

第8章　その後の群

8.1　群をつなぐ奇跡
■ガロア略伝

　前章までに説明したガロア理論の内容を、ガロアは17歳の頃までには発見していたと思われる。ガロアは、1811年10月25日パリ郊外のブール・ラ・レーヌ（Bourg-la-Reine）で生まれた。12歳でパリの名門校ルイ・ル・グランに入学して寄宿生活を送るようになり、14歳の時に初めて数学に触れ、その後、急激に数学にのめり込んだとはいえ、それから3年のうちにこのような発見をするのは、19世紀前半の数学の水準を考慮しても奇跡だ。しかし数学の能力への自覚が自己への過信につながったのか、当時もして今も理工系の最高峰であるエコール・ポリテクニークの受験に失敗したものの、リシャール先生の指導のもと着実に研究を進め、代数方程式に関する論文を科学学士院に提出したのが1829年の春だった。

　そのままこの論文の内容がすんなり世に知られていれば、彼に華々しい将来が約束され、さらにどれほどの発見がなされていたかと思うのだが、実際には、ガロア理論が

現在知られているのが奇跡と言ってもよい出来事が起きたのである。

論文を受け取ったコーシーは、その価値を認め、改めて科学学士院の懸賞に応募するために書き直してほしいとガロアに返却した。ガロアは1830年の冬に再提出するのだが、同じ頃、科学学士院で論文の内容を発表するはずだったコーシーが発表を取りやめ、再提出された論文を取り次ぐはずだったフーリエが懸賞の審査の直前の1830年5月に死去し、ガロアの論文が審査委員会に届かないという事態になったのだ。

その間、1829年7月に政治的な陰謀に巻き込まれた父が自殺して精神的に打撃を受けていたところに、エコール・ポリテクニークの受験に再び失敗し、代わりに準備学校（現在の高等師範学校）に合格するものの、科学学士院で

コーシー（フランス）　　　　フーリエ（1768〜1830、フランス）

の上のような事件を受け、ガロアは世の中に悪意を感じ、その後は共和主義のための活動につき進むようになってしまった。そして、1832年5月30日に謎の決闘で負傷し翌31日に死去してしまう。

■持つべきものは友

この間もガロアは数学の研究は、休むことなく続けていた。決闘の前夜、死を覚悟したガロアは友人のオーギュスト・シュヴァリエに宛てて遺書を書き、その中に彼の研究した数々の事柄の概要をしたためるとともに、内容をガウスやヤコビに見せて意見を聞いてほしいと書いた。

そこで、ガロアの死後、シュヴァリエは、ガロアの弟のアルフレッドとともにガロアの遺したものをできるだけ読みやすく書き直し、遺言どおりガウスやヤコビなどに送っ

ポアッソン（1781～1840、フランス）

リューヴィル（1809～1882、フランス）

た。それがその後、リューヴィルのもとに渡った。ガロア理論の内容については、ガロアは1831年にもポアッソンの勧めもあって、再度書き直したものを科学学士院へ懸賞論文として提出しており(この論文は「議論が厳密でなく審査できない」との理由でつき返されたらしい)、生前に他の専門誌に発表された論文や、他の遺稿とともに、リューヴィルが1846年に専門誌に発表し、やっと世の中に知られることとなったのである。

ガロア本人の起こした奇跡と、友人と弟の起こした奇跡との2度の奇跡によって伝えられたガロアの研究内容は、その後現在まで大きく発展を続けている。特に、群の考え方は、現在では数学の基本的な考え方となっている。この章では、その跡をたどって、読者の現代数学への橋渡しにしたい。

8.2 群の考えの発展
8.2.1 コーシーの研究

ガロア以前から、置換群は多くの数学者によって研究されていた。その中でも熱心に研究していたのは、コーシー(Augustin Louis Cauchy:1789〜1857、フランスの数学者)だ。コーシーは1810年代には置換についての研究を開始していたようだ。

■ルフィニの研究の真価を見抜く

前にも簡単に触れたとおり、5次以上の代数方程式に対して代数的な解の公式を見つけることは不可能であることを、史上初めて指摘したのはルフィニだ。しかし、この研

究は当時の数学界ではほとんど無視された。確かにルフィニの証明には、後にアーベルによって補われることになる欠陥があり、そのことも一因だったかもしれない。しかし、大多数の数学者はその内容を理解しようともせず、単に自分の期待に反するからとの理由で無視したと思われる。そのような状況下で、ルフィニの研究をいち早く評価したのが、コーシーだった。

■恒等置換と逆置換に注目

1832年のガロアの死後、1846年になってやっとガロアの考察の内容が出版されたが、その2年前の1844年に、コーシーが置換群について詳しく研究した論文を発表している。その中で史上初めて、恒等置換(何も入れ替えない置換)に「I」という記号と、置換Sの逆置換(入れ替えをもとに戻す置換)に「S^{-1}」の記号を使った。後者の記号のポイントは、もちろん右肩の小さい「$^{-1}$」だ。

後に、置換群が一般の群に発展すると、恒等置換と逆置換はそれぞれ群の「単位元」と「逆元」と呼ばれる、群が当然備えるべき必須要素に一般化される。コーシーも、それらが重要な存在だと考えたからこそ特別な記号を用意したのだが、彼の考えた「群」の定義は積で閉じていることが要請されていただけで、単位元と逆元が常に存在するものとして研究を進めるまでには至らなかったようだ。

8.2.2 ガロア流の群と置換群

第4章で触れたとおり、ガロア流で解の順列の組が群になるための条件は、順列の置換の集まりが置換群になる、

第 8 章　その後の群

すなわち積で閉じていることを要請したのに他ならない。
この点をもう少し説明しよう。

ガロアの考えた順列の組が群になるための条件（4.14）
は：

1つの順列からそれぞれの順列に移る置
換の集まりが、どの順列から始めても同　　　（8.1）
じになる

だった。

ここで、条件（8.1）を、順列の置換の方に注目して書
き直すと：

1つの順列 A をそれぞれの順列に移す 2
つの置換を S、T とすると、これらの積　　　（8.2）
ST を A に作用させて得られる順列も、
この集まりの中に含まれている。

となる。理由はこうだ。

まず、条件（8.1）が成り立っているとすると、次のと
おり条件（8.2）が成り立つことがわかる：

A を S、T で移した順列を、それぞれ B、C と書
くことにする。この時、置換 ST（この本の流儀で
は、S を行ってから T を行う）が、A をある順列 D
に移す置換になるような順列 D の存在を示せばよい。

実際、もし条件（8.1）が成り立っているとすると、

A をそれぞれの順列に移す置換の集まりと、B をそれぞれの順列に移す置換の集まりは同じだから、順列 $D=TB$ は考えている順列の集まりに含まれている。$D=TB=T(SA)=(ST)A$ だから A を B に移す置換 S と、B を D に移す置換 T の積 ST は、A を D に移す置換。よって条件 (8.2) が成り立つ。

逆に、条件 (8.2) が成り立っているとすると、次のとおり条件 (8.1) が成り立つことがわかる:

順列 A をそれぞれの順列に移す置換の集まりを G、順列 B をそれぞれの順列に移す置換の集まりを H と書くことにする。このとき、G の中の置換、例えば順列 A をある順列 C に移す置換 T が、H にも含まれることを示せば、G と H が同じこともわかる(G と H、A と B を入れ替えて議論すればよい)。そのためには、置換 T が、順列 B をある順列 D に移す置換になるような順列 D が、考えている順列の集まりに入ることを示せばよい。

ここで、順列 A を順列 B に移す置換を S と書くと、T も S も G に入っているので、条件 (8.2) が成り立っていると、積 ST も G に入っている。したがって、順列 A に置換 ST を作用させて得られる順列 $(ST)A$ を D と書くと、D も考えている順列の集まりの中に入っている。ここで、順列 B を順列 A に移す置換 S^{-1} と ST の積 $(S^{-1}) \cdot ST$ を考えると、$\{(S^{-1}) \cdot ST\}B = (ST)(S^{-1}B) = (ST)A = D$ だから、

それは順列 B を順列 D に移す置換だ。そして、それは置換 T に他ならない。したがって、T は H に入っていることがわかる。

このようにして、ガロア流の群に対する条件 (8.1) は、順列の置換の集まりが積で閉じている、すなわち置換群になる条件 (8.2) に他ならないことがわかる。ガロアはこのことを明確に意識して考察を行ったからこそ、「群を生み出した」と言われるのだ。

8.2.3 置換群からの抽象化
■置換を一般の操作に

ガロアが考えたのは置換だったが、条件 (8.2) の表現を以下のとおり少し変えると、置換以外の操作についても意味を持つようになることがわかる：

> ある操作の集まりに含まれる操作 S、T に対して、操作 S を行ってから引き続き操作 T を行う操作 ST も、同じ操作の集まりに含まれる (8.3)

この操作 ST を、操作 S と操作 T の「積」と呼ぶことにする。

第 2 章で、正 3 角形の回転を置換で表して説明した。しかし、わざわざ置換で表さなくても、条件 (8.3) のとおり書いてしまえば、回転を操作の 1 つとして考えて、回転操作の積を考えることができる。

■操作を抽象化する

さらに、条件（8.3）の表現は、S や T が置換とか回転とかの具体的な操作を表していなくてもよい。S と T は何でもよい。それらの「積」ST を考えることが何らかの意味を持っていればよいのだ。

そう思って、条件（8.3）の表現から「操作」という語を取り去ると、こうなる：

> ある集まりに S、T が含まれているとき、それらの「積」ST も同じ集まりに含まれる　　　　　　　　　　　　　　　　（8.4）

これだけ。S や T が何かは問う必要はない。これが、いま「群とは何か」という話をするときの出発点だ。そこには、置換だとか操作だとかの言葉は登場しない。登場するのは「積」だけである。置換や操作の間の、関係だけに注目するのだ。

8.3 群の概念の完成
■ケーリーの群

こうして、「積」をキーワードに、「置換」から離れて、抽象的な要素からなる「群」を考えたのが、ケーリー（Arthur Cayley：1821〜1895、行列のハミルトン－ケーリーの定理で有名）だ。1854年のことである。さらに、彼は、積で閉じていることから一歩進めて、「**結合法則が成り立つ**」ことも要請した。

第8章 その後の群

ケーリー（イングランド）

■結合法則とは

ケーリーの考えた群とは、以下のものだ：

> 群とはシンボルの集まりで、シンボル A、B に対しそれらの積と呼ばれる $A\cdot B$ と書かれるシンボルが定められており、次の性質を持つ：
> ・結合法則 $A\cdot(B\cdot C)=(A\cdot B)\cdot C$ が成り立つ；
> ・$A\cdot 1=1\cdot A$ が全てのシンボルに対して成り立つ、唯一のシンボル 1 がある。

(8.5)

$A\cdot(B\cdot C)$ とは、「A と、B と C の積との積」で、$(A\cdot B)\cdot C$ とは「A と B の積と、C との積」を表している。この2つが等しい時、「結合法則が成り立つ」と言わ

れる。

シンボルが置換を表す場合は、第2章で説明したとおり結合法則が成り立つ。しかし、一般にはそうとは言い切れない。例えば、かなり無理矢理だが、以下の例をあげることができる：

シンボル T が、以下の性質を持っているとしよう：
- 全てのシンボル V に対し $TV=V$、すなわち、T が左側にある積の結果は常に右側のシンボルになる；
- 全てのシンボル V に対し $VT=T$、すなわち、T が右側にある積の結果は常に T になる。

すると、シンボル S、U に対して、$(ST)U=TU=U$、$S(TU)=SU$ となるから、U と SU が等しくない場合には、結合法則は成り立たないことになる。

この例を見ればわかるとおり、結合法則は自然に成り立つものではなく、置換の群から一般化しようとすれば、特別に要請されるべきものなのである。

結合法則が成り立たない有名な例としては、いわゆる八元数同士の積があげられる。また、結合法則が成り立つのがすぐにはわからない群の代表例として、楕円曲線上の点の群がある（ブルーバックスの拙著『数学21世紀の7大難問』で少し説明している）。

■相殺可能性の要請

上のケーリー流の群では、逆元（$^{-1}$）の存在はまだ仮定されていない。その代わりに「相殺可能性[1]」と呼ばれる

性質が要請された。それが何か、そしてそれがどうして逆元の存在を仮定することの代わりなのかについて説明するには、まずケーリー流の群のもう1つの特徴を説明する必要がある。

それは、集まっているシンボルの個数は有限個と考えられていることだ。ガロアやコーシーのように、有限個のものの置換を考える場合には当然その全体は有限個だ。それが、ケーリーによっても、暗黙に仮定されているのだ。そして、群のシンボルが有限個で、積で閉じている場合には、「相殺可能性」から逆元が存在することを次のように示すことができる:

(ケーリー流の) 群に含まれるシンボル A について、$A^2 = A \cdot A$, $A^3 = A \cdot A \cdot A$, … もこの群に含まれるシンボルになる。シンボルは有限個だとすれば、$A^m = A^n$ となる相異なる自然数 m と n があることになる。

ここで、$m < n$ とすると、(8.5) から、$1 \cdot A^m = A^m = A^n = A^{n-m} \cdot A^m$ である。つまり、$1 \cdot A^m = A^{n-m} \cdot A^m$ なのだが、このとき両辺から同じ A^m を相殺することができるという要請が、「相殺可能性」である。したがって、$1 = A^{n-m}$ となる。そして、$A^{n-m} = A \cdot A^{n-m-1} = 1$ だから、A^{n-m-1} が A の逆元である。$m > n$ の時も同様。

なお、この論法自体は、実は、コーシーが既に1815年に使用し、1844年にもっと磨きをかけていたものだそうだ。

---

[1] cancellation を、私が訳してみた。

■フォン・ディークと逆元

　群に含まれるシンボルが無限個になると、前ページの下線を付けた部分の論法はもはや通用しないことに注意しよう。したがって、1883年にフォン・ディーク（Walther Franz Anton von Dyck：ドイツの数学者、1856～1934、ヴァルター・ディークとして通っていた）が、シンボルが無限個の群を扱うに至って、群の定義に、逆元の存在が付け加えられた。

　ディークが考えた群は、具体的にはタイル張りの問題に関連した群だったが、本書ではこれ以上立ち入らない。

■現代の群の定義

　このような経緯を経て、現在では「群」は以下のとおり定義される：

フォン・ディーク

群の定義 (8.6)

空でない集合 G において、任意の 2 つの元 a、b に対して G の元 c を対応させる積と呼ばれる演算が定められていて（このとき、$a \cdot b = c$ と書く、ここが積で閉じていることを表している）、次の（イ）、（ロ）、（ハ）を満たすとき、G は群であると言われる：

（イ）（結合法則の成立）G の任意の 3 つの元 a、b、c に対して、

$$a \cdot (b \cdot c) = (a \cdot b) \cdot c$$

が成り立つ；

（ロ）（単位元の存在）G のある元 x があって、G の全ての元 a に対して

$$a \cdot x = a \quad \text{および} \quad x \cdot a = a$$

が成り立つ。このような x が存在するならば、実はただ 1 つであることがわかるので、それを 1 と書き、a の単位元と呼ぶ；

（ハ）（逆元の存在）G の任意の元 a に対して、

$$a \cdot y = 1、\quad z \cdot a = 1$$

を満たす G の元 y、z が存在する。y、z は、同じ a に対して存在すれば実は $y = z$ で、ただ 1 つであることがわかるので、それを a^{-1} と書き、a の逆元と呼ぶ。

■どこでも群

置換を考えていたときには思いもよらないが、群の定義が (8.6) としてまとまると、群は身近にたくさんあることがわかる。

例えば、整数の全体は、足し算（+）を「積」として群である。単位元は「0」で、整数 z の逆元は、$(-z)$ である。もちろん、整数を含む、有理数や実数、複素数もみんな足し算（+）を「積」として群である。また、偶数の全体もそうである。さらにある数の倍数の全体もそうである。

また、0以外の有理数は、掛け算（×）を「積」としても群である。単位元は「1」で、有理数 r の逆元は、$\left(\dfrac{1}{r}\right)$ である。もちろん、有理数を含む、実数や複素数も、みんな掛け算（×）を「積」として群である。また、絶対値が1の複素数の全体もそうである。これらをガウス平面（複素数平面）に書くと、半径が1の円（単位円）になる。1の p 乗根の全体は、絶対値が1の複素数の全体の作る群の部分群となる。

群の要素の個数は、群の「位数」と呼ばれ、位数が無限の群は、「無限群」と呼ばれる。上で登場した群は、1の p 乗根の全体を除き、無限群であることに注意しよう。無限群は幾何学の問題に関連して登場することが多い。

このように、そこら中に「群」が見つかっている。これが、数学で「群」の概念が重要になる大きな理由である。

■群は可逆な操作だけ扱っている

実は、群が操作を抽象化したものだという前の説明は不

正確である。正しくは「可逆な」操作、つまりもとに戻せる操作を抽象化したものなのである。群を使う場合にはこの点に注意が必要だ。世の中可逆でない、もとに戻せない操作だらけだから思うようにならず、同時に面白い。でも、可逆な操作だけでも結構役に立つのである。

8.4　ガロアの主定理と可解群

では本書のまとめとして、ガロアの発見を現代の群の言葉でまとめることにしよう。

ガロア流のガロア群は、方程式の解の順列の組だった。現代流に翻訳するには、順列の置換の集まりを考える。

■ガロア流の群は「群」か？

順列の組がガロア流の群になる条件（8.1）は、このガロア群の順列の置換の集まりが置換の積で閉じていて、置換群になることを意味していることを、先に8.2.2で説明した。

この置換群に対して、ちゃんと上の群の定義（8.6）が成り立っていることを確かめておこう：

(イ) の結合法則については、置換の積で結合法則が成り立つことは、第2章で説明したとおりである；

(ロ) の単位元は、恒等置換（すなわち「ある順列から、自分自身に移る置換」）I として含まれている；

(ハ) の逆元については、ちょっとややこしい。ある置換の逆置換がそうだから、「ある順列 A から別の順列 B」への置換に対して、「順列 B から順列 A への置換」（もとに戻す置換）も順列の置換の集まりに含ま

れていることを確認すればよいが、この点はガロア流の群の条件（4.14）「1つの順列からそれぞれの順列に移る置換の集まり」が「どの順列から始めても同じになる」ことから、この置換の集まりに含まれていることが結論される。

したがって、ガロア流のガロア群について、順列の置換の集まりは、立派に現在の定義の群になっていることがわかった。

■部分群の対応

次に、ガロア流の部分群と、現代流の部分群との関係を調べよう。

ガロア流の群 A の順列の置換の集まりを G とすると、上で見たとおり、G は現代流の群になった。ガロア流での A の部分群はその順列を分割したもので、条件（5.6）を満たすものだった。この時、分割された各組の中の順列の置換の集まりは全て共通になるが、これを H とすると、H も同様に現代流の群になる。そして、H に入る置換は全て G に含まれている。つまり、H は G の現代流の部分群になることがわかる。

■一般の群の正規部分群

では、現在の言葉で正規部分群はどうなるだろうか。

ガロア流の「正規部分群」の定義（5.7）は、順列の置換に注目すると、以下のとおり翻訳される。これが、現代流での一般の群の正規部分群の定義である。(5.7)と(8.7)が同値なことの証明は難しくはないが、本書では省

略する：

> **現代流の正規部分群の定義（8.7）**
>
> 　群 G の部分群 H が、（G の）正規部分群であるとは、G の勝手な要素 g について、
>
> $$gH = Hg$$
>
> が成り立つことである。ただし、
>
> 　　$gH =$（H の要素 h に対する gh の集まり）
> 　　$Hg =$（H の要素 h に対する hg の集まり）
>
> である。
>
> 　あるいは、逆元を使って
>
> $$g^{-1}Hg = H$$
>
> が成り立つことと言っても同じである。ただし、
>
> 　　$g^{-1}Hg =$（H の要素 h に対する $g^{-1}hg$ の集まり）
>
> である。

H が G の正規部分群であることを、記号「▷（◁）」を用いて、$G \triangleright H$（$H \triangleleft G$）と書き表す。

■ガロアの主定理と可解群

以上説明したとおり、ガロア流の群や正規部分群と、現代流の群や正規部分群とは本質的に同じものだ。したがって、第7章で説明した「ガロアの主定理フル」（7.7）は、

以下のとおり現代流に読み替えて正しい。なお現代流のガロア群とは、ガロア流でガロア群を表す、順列の組の中の、順列の置換の集まりのことである：

ガロアの主定理フル（現代流）

方程式のガロア群の正規列：

G_0（＝方程式のガロア群）$\triangleright G_1 \triangleright G_2 \triangleright \cdots \triangleright G_{r-1} \triangleright G_r$
（＝恒等置換 I だけからなる群）

で、以下の性質（P）を持つものがあるとき、その方程式は代数的に解くことができる：

性質（P）

$i = 1, 2, \cdots, n$ に対し、G_{i-1} の位数は、G_i の位数の素数倍である。

逆に、代数的に解くことのできる方程式に対して、上の性質（P）を持つガロア群の正規列が存在する。

ところで、現在では、「ガロアの主定理フル」に登場するタイプの群に特別な名前が付いている。その名も「**可解群**」だ。

すなわち、ある群 G が可解群と呼ばれるのは、G が部分群の列

$$G\ (=G_0) \triangleright G_1 \triangleright G_2 \triangleright \cdots \triangleright G_{r-1} \triangleright I\ (=G_r)$$

で、以下の性質（P）：

(P) $i=1,2,\cdots,n$ に対し、G_{i-1} に含まれる元の個数は、G_i に含まれる元の個数の、素数倍である。

を満たすものを持つ時である。なお、すぐ上で説明したとおり、記号「▷」は、その右側の群が左側の群の正規部分群であることを表している。

この可解群という言葉を使って、ガロアの発見は、現在では以下のとおりまとめられている：

ガロアの主定理（8.8）

ある方程式を代数的に解くことができるのは、その方程式のガロア群 G が**可解群**の時であり、その時に限る。

つまり、「可解」群という呼び名は、ガロアの発見がもとになって、後に名付けられたものだ。このように呼ぶことで、ガロアの発見を簡単に覚えることができ、本書で説明したガロアの発見の内容をすぐに思い浮かべることができる。

もっと知りたい人に――参考図書

　以下は、本書の執筆時に参考にしたものである。ごく最近のものは含まれていない。◎ではガロアの論文なども読める。

方程式の解の公式の研究の歴史
・『天才数学者はこう解いた、こう生きた』（木村俊一著、講談社）：とてもよく書けていて、読み応えがあって、わかりやすい。
・『アーベルの証明』（ピーター・ペジック著、山下純一訳、日本評論社）：本書ではほとんど紹介できなかったアーベルについては、この本で。

ガロアの理論について
入門向け
・『ガロアと群論』（リリアン・リーバー著、浜稲雄訳、みすず書房）：詩の形を借りた解説。すっきりと上手にまとまっていて、本書でくたびれたら口直しに最適。群の説明は、本書の最後にあげた定義（8.6）から始まっている。

少し数学の議論に慣れた人向け
◎『ガロアの時代　ガロアの数学』（全2冊）（彌永昌吉著、シュプリンガー・フェアラーク東京）：「第一部　時代篇」にはガロアの生涯と時代背景が、「第二部　数学篇」には、

ガロアの論文の翻訳と、それを理解するのに必要な数学がまとめられている。第二部の数学篇は、初歩的な部分から説明されている。

また、以下の2冊は、どちらも（少し前の）高校数学に続けてガロアの理論を理解できるように配慮して書かれている。ただ、現在は入手しにくいようだ。
・『数III方式　ガロアの理論　アイデアの変遷を追って』（矢ヶ部巌著、現代数学社）：ルネサンス期からラグランジュ、アーベルの研究を丁寧にたどり、これらの研究とのつながりでガロアの研究を説明している。ほとんど予備知識を想定しないで丁寧に説明してあるので、ガロア群が登場するのは435ページ、全体で525ページもあるが、十分読みとおすことができると思う。本書では、ガロアの着想を想像（夢想？）するのに参考にさせていただいた。
◎『ガロアを読む　第I論文研究』（倉田令二朗著、日本評論社）：これもガロアの論文を中心に据え、それを読むための準備と歴史的な発展などの周辺情報がまとめられている。

普通の数学の本（ということは、読むほうもある程度本腰を入れましょう）

英語なら◎"Galois Theory"（Edwards 著、Springer）がガロアの論文の解説をメインにしていて、とてもよい。未だに翻訳されてないのが不思議。
・『代数方程式のガロアの理論』（Tignol 著、共立出版）：ガロアの論文までを、歴史に沿って丁寧に解説。ガロア流ガロア群の作り方の説明に使われている方程式が、代数的

に解ける5次方程式で本質がわかりやすい。
◎『アーベルガロア　群と代数方程式』(共立出版)：アーベル、ガロアの論文の翻訳とその解説。代数を一とおり勉強した人向け。

ガロア理論の教科書

　大学レベルの教科書・専門書となるとたくさんあるが、2点だけ紹介しよう。
・『ガロア理論入門』(アルティン著、ちくま学芸文庫)：ガロア理論を現代化した記念碑的な本。決して難しくはない。
・『代数方程式とガロア理論』(中島匠一著、共立出版)：厚い、ということは丁寧に書かれているので、独習用によい。

さくいん

【数字・アルファベット】

1次方程式	16
3次巡回群	51
3次対称群	46
3大作図不可能問題	100
n次交代群	185
n次対称群	185

【あ行】

アーベル	32, 120
アーベル群	52, 169
あみだくじ	55
位数	51
一般方程式	203
ヴァンデルモンド	30
エコール・ポリテクニーク	206
黄金比	20
置き換え	44

【か行】

解と係数の関係	36
解の公式	17, 20, 30, 36
解の置換	37
開平	22
ガウス	193
可解群	224
可換群	52
可換な積	45
可逆な操作	221
カルダノ	22
カルダノの方法	25
ガロア	34
ガロア群	90, 106, 147, 168, 195
ガロア・リゾルベント	114, 119
奇置換	71, 178
基本交代式	72
基本対称式	66
逆元	219
逆置換	112
偶置換	71, 178
組の間の置換	140
組の中の置換	141
群	210, 219
係数	16
結合法則	215
ケーリー	214
交代式	70, 72
恒等置換	48, 107
互換	52, 54
コーシー	207

【さ行】

差積	72, 87, 139

229

四則演算	22	フェラーリ	25
自明でない正規部分群	127	フェラーリの方法	24
シンボル1	215	フェルマ素数	202
正17角形	199	フォン・ディーク	218
正規	128, 134	部分群	51, 128
正規部分群	128, 131, 153, 178	フーリエ	207
正規列	167, 188, 195	分解式	114
積	213	平方完成	19
積の結合法則	44	べき根	137, 191
操作	213	ヘルメス	202
相殺可能性	217	ポアッソン	209
素数分の1	165	方程式を解く	30
組成列	188		

【た行】

【ま行】

無理数	21

対称式	61, 73, 87
対称式の基本定理	66
代数的	30
代数的な解の公式	29
代数的な操作	30
代数方程式	29
多項式	68
タルターリャ	22
単位元	219
単純群	185
置換	39
置換群	51
置換の積	41
使ってよい数	146, 151, 191

【や行】

有理式	58, 68
有理数	21

【ら行】

ラグランジュ	30, 120
ラグランジュの定理	88
リシャール先生	206
リヒェロット	202
リューヴィル	209
ルフィニ	31

【は行】

判別式	74, 87
非可換な積	45

N.D.C.411.6　　230p　　18cm

ブルーバックス　B-1684

ガロアの群論(ぐんろん)
方程式はなぜ解けなかったのか

2010年5月20日　　第1刷発行
2025年6月17日　　第10刷発行

著者	中村　亨(なかむら　あきら)
発行者	篠木和久
発行所	株式会社講談社
	〒112-8001　東京都文京区音羽2-12-21
電話	出版　　03-5395-3524
	販売　　03-5395-5817
	業務　　03-5395-3615
印刷所	(本文表紙印刷) 株式会社KPSプロダクツ
	(カバー印刷) 信毎書籍印刷株式会社
本文データ制作	講談社デジタル製作
製本所	株式会社KPSプロダクツ

定価はカバーに表示してあります。
©中村　亨　2010, Printed in Japan
落丁本・乱丁本は購入書店名を明記のうえ、小社業務宛にお送りください。
送料小社負担にてお取替えします。なお、この本についてのお問い合わせ
は、ブルーバックス宛にお願いいたします。
本書のコピー、スキャン、デジタル化等の無断複製は著作権法上での例外
を除き禁じられています。本書を代行業者等の第三者に依頼してスキャン
やデジタル化することはたとえ個人や家庭内の利用でも著作権法違反です。

ISBN978-4-06-257684-0

発刊のことば

科学をあなたのポケットに

二十世紀最大の特色は、それが科学時代であるということです。科学は日に日に進歩を続け、止まるところを知りません。ひと昔前の夢物語もどんどん現実化しており、今やわれわれの生活のすべてが、科学によってゆり動かされているといっても過言ではないでしょう。

そのような背景を考えれば、学者や学生はもちろん、産業人も、セールスマンも、ジャーナリストも、家庭の主婦も、みんなが科学を知らなければ、時代の流れに逆らうことになるでしょう。ブルーバックス発刊の意義と必然性はそこにあります。このシリーズは、読む人に科学的に物を考える習慣と、科学的に物を見る目を養っていただくことを最大の目標にしています。そのためには、単に原理や法則の解説に終始するのではなくて、政治や経済など、社会科学や人文科学にも関連させて、広い視野から問題を追究していきます。科学はむずかしいという先入観を改める表現と構成、それも類書にないブルーバックスの特色であると信じます。

一九六三年九月

野間省一

ブルーバックス　数学関係書(I)

- 116 推計学のすすめ　ダレル・ハフ／佐藤信
- 120 統計でウソをつく法　ダレル・ハフ／高木秀玄訳
- 177 ゼロから無限へ　C・レイ／芹沢正三訳
- 325 現代数学小事典　寺阪英孝"編"
- 722 解ければ天才！算数100の難問・奇問　中村義作
- 833 虚数 i の不思議　堀場芳数
- 862 対数 e の不思議　堀場芳数
- 926 原因をさぐる統計学　豊田秀樹
- 1003 マンガ　おはなし数学史 新装版　仲田紀夫／前田忠夫・岡部恒治／柳井晴夫漫画
- 1013 マンガ 微積分入門　岡部恒治／藤岡文世絵
- 1037 違いを見ぬく統計学　豊田秀樹
- 1201 道具としての微分方程式　斎藤恭一
- 1243 自然にひそむ数学　佐藤修一
- 1312 集合とはなにか　竹内外史
- 1332 確率・統計であばくギャンブルのからくり　谷岡一郎
- 1352 算数パズル「出しっこ問題」傑作選　仲田紀夫
- 1353 高校数学とっておき勉強法　鍵本聡
- 1366 数学版 これを英語で言えますか？　E・ネルソン／保江邦夫監修
- 1366 高校数学でわかるマクスウェル方程式　竹内淳
- 1383 素数入門　芹沢正三
- 1407 入試数学 伝説の良問100　安田亨

- 1419 パズルでひらめく補助線の幾何学　中村義作
- 1429 数学21世紀の7大難問　中村亨
- 1433 大人のための算数練習帳　佐藤恒雄
- 1453 大人のための算数練習帳 図形問題編　佐藤恒雄
- 1479 なるほど高校数学 三角関数の物語　原岡喜重
- 1490 暗号の数理 改訂新版　一松信
- 1493 計算力を強くする　鍵本聡
- 1536 計算力を強くするpart2　鍵本聡
- 1547 広中杯 ハイレベル 算数オリンピック委員会"監修"／青木亮二"解説"
- 1557 中学数学に挑戦　田栗正章／藤越康祝／柳井晴夫／C・R・ラオ
- 1595 やさしい統計入門　柳井晴夫／C・R・ラオ
- 1598 数論入門　芹沢正三
- 1606 なるほど高校数学 ベクトルの物語　原岡喜重
- 1619 関数とはなんだろう　山根英司
- 1620 離散数学「数え上げ理論」　野崎昭弘
- 1629 高校数学でわかるボルツマンの原理　竹内淳
- 1657 計算力を強くする 完全ドリル　鍵本聡
- 1677 高校数学でわかるフーリエ変換　竹内淳
- 1678 新体系 高校数学の教科書(上)　芳沢光雄
- 1684 新体系 高校数学の教科書(下)　芳沢光雄
- ガロアの群論　中村亨

ブルーバックス　数学関係書(II)

番号	書名	著者
1828	高校数学でわかる線形代数	竹内 淳
1823	ウソを見破る統計学	神永正博
1822	物理数学の直観的方法（普及版）	長沼伸一郎
1819	マンガで読む　計算力を強くする	川中川清貴"マンガ"／銀杏社"構成"
1818	大学入試問題で語る数論の世界	清水健一
1810	高校数学でわかる統計学	竹内 淳
1808	新体系・中学数学の教科書（上）	芳沢光雄
1795	新体系・中学数学の教科書（下）	芳沢光雄
1788	連分数のふしぎ	木村俊一
1786	はじめてのゲーム理論	川越敏司
1784	確率・統計でわかる「金融リスク」のからくり	吉本佳生
1782	「超」入門　微分積分	神永正博
1770	複素数とはなにか	示野信一
1765	シャノンの情報理論入門	高岡詠子
1764	不完全性定理とはなにか	竹内 薫
1757	算数オリンピックに挑戦 '08～'12年度版	算数オリンピック委員会"編"
1743	オイラーの公式がわかる	原岡喜重
1740	世界は2乗でできている	小島寛之
1738	マンガ　線形代数入門	鍵本 聡"原作"／北垣絵美"漫画"
1724	三角形の七不思議	細矢治夫
1704	リーマン予想とはなにか	中村 亨
1967	世の中の真実がわかる「確率」入門	小林道正
1961	曲線の秘密	松下泰雄
1942	数学ロングトレイル「大学への数学」に挑戦　関数編	山下光雄
1941	「大学への数学」に挑戦	山下光雄
1933	数学ロングトレイル「大学への数学」に挑戦　ベクトル編	山下光雄
1927	確率を攻略する	小島寛之
1921	数学ロングトレイル「大学への数学」に挑戦	山下光雄
1917	群論入門	芳沢光雄
1907	素数が奏でる物語	西来路文朗／清水健一
1906	ロジックの世界	ダン・クライアン／シャロン・シュアティル／ビル・メイブリン"絵"／田中一之"訳"
1897	算法勝負！「江戸の数学」に挑戦	山根誠司
1893	逆問題の考え方	上村 豊
1890	ようこそ「多変量解析」クラブへ	小野田博一
1888	直感を裏切る数学	神永正博
1880	非ユークリッド幾何の世界　新装版	寺阪英孝
1851	チューリングの計算理論入門	高岡詠子
1841	難関入試　算数速攻術	中川塁／松島尚弘"画"
1833	超絶難問論理パズル	小野田博一

ブルーバックス　数学関係書 (III)

番号	タイトル	著者
1968	脳・心・人工知能	甘利俊一
1969	四色問題	一松 信
1984	経済数学の直観的方法　マクロ経済学編	長沼伸一郎
1985	経済数学の直観的方法　確率・統計編	長沼伸一郎
1998	結果から原因を推理する「超」入門ベイズ統計	石村貞夫
2001	人工知能はいかにして強くなるのか？	小野田博一
2003	素数はめぐる	西来路文朗/清水健一
2023	曲がった空間の幾何学	宮岡礼子
2033	ひらめきを生む「算数」思考術	安藤久雄
2035	現代暗号入門	神永正博
2036	美しすぎる「数」の世界	清水健一
2043	理系のための微分・積分復習帳	竹内 淳
2046	方程式のガロア群	金 重明
2059	離散数学「ものを分ける理論」	徳田雄洋
2065	学問の発見	広中平祐
2069	今日から使える微分方程式　普及版	飽本一裕
2079	はじめての解析学	原岡喜重
2081	今日から使える物理数学　普及版	岸野正剛
2085	今日から使える統計解析　普及版	大村 平
2092	いやでも数学が面白くなる	志村史夫
2093	今日から使えるフーリエ変換　普及版	三谷政昭
2098	高校数学でわかる複素関数	竹内 淳
2104	トポロジー入門	都築卓司
2107	数学にとって証明とはなにか	瀬山士郎
2110	高次元空間を見る方法	小笠英志
2114	数の概念	高木貞治
2118	道具としての微分方程式　偏微分編	斎藤恭一
2121	離散数学入門	芳沢光雄
2126	数の世界	松岡 学
2137	有限の中の無限	西来路文朗/清水健一
2141	今日から使える微積分　普及版	大村 平
2147	円周率πの世界	柳谷 晃
2153	多角形と多面体	日比孝之
2160	多様体とは何か	小笠英志
2161	なっとくする数学記号	黒木哲徳
2167	三体問題	浅田秀樹
2168	大学入試数学　不朽の名問100	鈴木貫太郎
2171	四角形の七不思議	細矢治夫
2178	数式図鑑	横山明日希
2179	数学とはどんな学問か？	津田一郎
2182	マンガ　一晩でわかる中学数学	端野洋子
2188	世界は「e」でできている	金 重明

ブルーバックス　数学関係書(Ⅳ)

2195
統計学が見つけた野球の真理

鳥越規央

ブルーバックス 宇宙・天文関係書

番号	タイトル	著者
1394	ニュートリノ天体物理学入門	小柴昌俊
1487	ホーキング 虚時間の宇宙	竹内薫
1592	発展コラム式 中学理科の教科書 第2分野(生物・地球・宇宙)	石渡正志/滝川洋二 編
1697	インフレーション宇宙論	佐藤勝彦
1728	ゼロからわかるブラックホール	大須賀健
1731	宇宙になぜ我々が存在するのか	村山斉
1762	完全図解 宇宙手帳(宇宙航空研究開発機構=協力)	渡辺勝巳/JAXA
1799	宇宙は本当にひとつなのか	村山斉
1806	新・天文学事典	谷口義明=監修
1861	発展コラム式 中学理科の教科書 改訂版 生物・地球・宇宙編	石渡正志/滝川洋二 編
1887	小惑星探査機「はやぶさ2」の大挑戦	山根一眞
1905	あっと驚く科学の数字 数から科学を読む研究会	
1937	輪廻する宇宙	横山順一
1961	曲線の秘密	松下泰雄
1971	へんな星たち	鳴沢真也
1981	宇宙は「もつれ」でできている ルイーザ・ギルダー/山田克哉=監訳/窪田恭子=訳	
2006	宇宙に「終わり」はあるのか	吉田伸夫
2011	巨大ブラックホールの謎	本間希樹
2027	重力波で見える宇宙のはじまり ピエール・ビネトリュイ/安東正樹=監訳/岡田好恵=訳	
2066	宇宙の「果て」になにがあるのか	戸谷友則
2084	不自然な宇宙	須藤靖
2124	時間はどこから来て、なぜ流れるのか?	吉田伸夫
2128	地球は特別な惑星か?	成田憲保
2140	宇宙の始まりに何が起きたのか	杉山直
2150	連星からみた宇宙	鳴沢真也
2155	見えない宇宙の正体	鈴木洋一郎
2167	三体問題	浅田秀樹
2175	宇宙人と出会う前に読む本	高水裕一
2176	爆発する宇宙	戸谷友則
2187	マルチメッセンジャー天文学が捉えた新しい宇宙の姿	田中雅臣

ブルーバックス　物理学関係書 (I)

番号	タイトル	著者
79	相対性理論の世界	J・A・コールマン／中村誠太郎 訳
563	電磁波とはなにか	後藤尚久
584	10歳からの相対性理論	都筑卓司
733	紙ヒコーキで知る飛行の原理	小林昭夫
911	電気とはなにか	室岡義広
1012	量子力学が語る世界像	和田純夫
1084	図解 わかる電子回路	見城尚志／高橋尚久
1128	原子爆弾	山田克哉
1150	音のなんでも小事典	日本音響学会 編
1174	消えた反物質	小林　誠
1205	クォーク 第2版	南部陽一郎
1251	心は量子で語れるか	ロジャー・ペンローズ／A・シモニー／中村和幸 訳
1259	光と電気のからくり	山田克哉
1310	「場」とはなんだろう	竹内　薫
1380	四次元の世界 (新装版)	都筑卓司
1383	高校数学でわかるマクスウェル方程式	竹内　淳
1384	マックスウェルの悪魔 (新装版)	都筑卓司
1385	不確定性原理 (新装版)	都筑卓司
1390	熱とはなんだろう	竹内　薫
1391	ミトコンドリア・ミステリー	林　純一
1394	ニュートリノ天体物理学入門	小柴昌俊
1415	量子力学のからくり	山田克哉
1444	超ひも理論とはなにか	竹内　薫
1452	流れのふしぎ	石綿良三／根本光正 著／日本機械学会 編
1469	量子コンピュータ	竹内繁樹
1470	高校数学でわかるシュレディンガー方程式	竹内　淳
1483	新しい物性物理	伊達宗行
1487	ホーキング 虚時間の宇宙	竹内　薫
1509	新しい高校物理の教科書	山本明利／左巻健男 編著
1569	電磁気学のABC (新装版)	福島　肇
1583	熱力学で理解する化学反応のしくみ	平山令明
1591	発展コラム式 中学理科の教科書 第1分野 (物理・化学)	滝川洋二 編
1605	マンガ 物理に強くなる	関口知彦 原作／鈴木みそ 漫画
1620	高校数学でわかるボルツマンの原理	竹内　淳
1638	プリンキピアを読む	和田純夫
1642	新・物理学事典	大槻義彦／大場一郎 編
1648	量子テレポーテーション	古澤　明
1657	高校数学でわかるフーリエ変換	竹内　淳
1675	量子重力理論とはなにか	竹内　薫
1697	インフレーション宇宙論	佐藤勝彦

ブルーバックス　物理学関係書 (II)

- 1701 光と色彩の科学　齋藤勝裕
- 1705 量子もつれとは何か　古澤明
- 1712 「余剰次元」と逆二乗則の破れ　村田次郎
- 1715 傑作！物理パズル50　ポール・G・ヒューイット著／松森靖夫 編訳
- 1716 ゼロからわかるブラックホール　大須賀健
- 1720 宇宙は本当にひとつなのか　村山斉
- 1728 物理数学の直観的方法〈普及版〉　長沼伸一郎
- 1731 現代素粒子物語　〈高エネルギー加速器研究機構〉中嶋彰／KEK協力
- 1738 オリンピックに勝つ物理学　望月修
- 1776 宇宙になぜ我々が存在するのか　村山斉
- 1780 高校数学でわかる相対性理論　竹内淳
- 1799 大人のための高校物理復習帳　桑子研
- 1803 大栗先生の超弦理論入門　大栗博司
- 1815 真空のからくり　山田克哉
- 1827 中学理科の教科書　改訂版　物理・化学編　滝川洋二 編
- 1836 発展コラム式　中学理科の教科書　改訂版　物理・化学編
- 1860 高校数学でわかる流体力学　竹内淳
- 1867 アンテナの仕組み　小暮裕明
- 1871 エントロピーをめぐる冒険　鈴木炎
- 1894 あっと驚く科学の数字　数から科学を読む研究会
- 1905 マンガ　おはなし物理学史　小山慶太 原作／佐々木ケン 漫画
- 1912

- 1924 謎解き・津波と波浪の物理　保坂直紀
- 1930 光と重力　ニュートンとアインシュタインが考えたこと　小山慶太
- 1932 天野先生の「青色LEDの世界」　天野浩／福田大展
- 1937 輪廻する宇宙　横山順一
- 1940 すごいぞ！身のまわりの表面科学　日本表面科学会
- 1960 超対称性理論とは何か　小林富雄
- 1961 曲線の秘密　松下泰雄
- 1970 高校数学でわかる光とレンズ　竹内淳
- 1981 宇宙は「もつれ」でできている　ルイーザ・ギルダー／山田克哉 監訳／窪田恭子 訳
- 1982 光と電磁気　ファラデーとマクスウェルが考えたこと　小山慶太
- 1983 重力波とはなにか　安東正樹
- 1986 ひとりで学べる電磁気学　中山正敏
- 2019 時空のからくり　山田克哉
- 2027 重力波で見える宇宙のはじまり　ピエール・ビネトリュイ／安東正樹 監訳／岡田好恵 訳
- 2031 時間とはなんだろう　松浦壮
- 2032 佐藤文隆先生の量子論　佐藤文隆
- 2040 ペンローズのねじれた四次元　増補新版　竹内薫
- 2048 $E=mc^2$ のからくり　山田克哉
- 2056 新しい1キログラムの測り方　臼田孝

ブルーバックス　物理学関係書（III）

番号	タイトル	著者
2061	科学者はなぜ神を信じるのか	三田一郎
2078	独楽の科学	山崎詩郎
2087	「超」入門　相対性理論	福江 純
2090	はじめての量子化学	平山令明
2091	いやでも物理が面白くなる　新版	志村史夫
2096	2つの粒子で世界がわかる	森 弘之
2100	プリンシピア　自然哲学の数学的原理　第I編　物体の運動	アイザック・ニュートン　中野猿人＝訳・注
2101	プリンシピア　自然哲学の数学的原理　第II編　抵抗を及ぼす媒質内での物体の運動	アイザック・ニュートン　中野猿人＝訳・注
2102	プリンシピア　自然哲学の数学的原理　第III編　世界体系	アイザック・ニュートン　中野猿人＝訳・注
2115	「ファインマン物理学」を読む　量子力学と相対性理論を中心として　普及版	竹内 薫
2124	時間はどこから来て、なぜ流れるのか？	吉田伸夫
2129	「ファインマン物理学」を読む　電磁気学を中心として　普及版	竹内 薫
2130	「ファインマン物理学」を読む　力学と熱力学を中心として　普及版	竹内 薫
2139	量子とはなんだろう	松浦 壮
2143	時間は逆戻りするのか	高水裕一
2162	トポロジカル物質とは何か	長谷川修司
2169	アインシュタイン方程式を読んだら「宇宙」が見えた	深川峻太郎
2183	早すぎた男　南部陽一郎物語	中嶋 彰
2193	思考実験　科学が生まれるとき	榛葉 豊
2194	宇宙を支配する「定数」	臼田 孝
2196	ゼロから学ぶ量子力学	竹内 薫